中国涂料工业协会　编

中国涂料工业协会
团体标准汇编
2018

中国标准出版社

北　京

图书在版编目(CIP)数据

中国涂料工业协会团体标准汇编.2018./中国涂料工业协会编.—北京:中国标准出版社,2019.3
ISBN 978-7-5066-9152-9

Ⅰ.①中…　Ⅱ.①中…　Ⅲ.①涂料工业—标准—汇编—中国　Ⅳ.①TQ63-65

中国版本图书馆 CIP 数据核字(2018)第 257433 号

中国标准出版社出版发行
北京市朝阳区和平里西街甲 2 号(100029)
北京市西城区三里河北街 16 号(100045)
网址 www.spc.net.cn
总编室:(010)68533533　发行中心:(010)51780238
读者服务部:(010)68523946
中国标准出版社秦皇岛印刷厂印刷
各地新华书店经销
*
开本 880×1230 1/16　印张 6.75　字数 197 千字
2019 年 3 月第一版　2019 年 3 月第一次印刷
*
定价 60.00 元

出版说明

国家"十三五"规划纲要明确提出："牢固树立和贯彻落实创新、协调、绿色、开放、共享的发展理念，统筹推进经济建设、政治建设、文化建设、社会建设、生态文明建设和党的建设。""十三五"规划建议稿要求："支持绿色清洁生产，推进传统制造业绿色改造，推动建立绿色低碳循环发展产业体系，鼓励企业工艺技术装备更新改造。发展绿色金融，设立绿色发展基金。"

国办发〔2016〕86号《国务院办公厅关于建立统一的绿色产品标准、认证、标识体系的意见》文件中指出："健全绿色市场体系，增加绿色产品供给，是生态文明体制改革的重要组成部分。建立统一的绿色产品标准、认证、标识体系，是推动绿色低碳循环发展、培育绿色市场的必然要求，是加强供给侧结构性改革、提升绿色产品供给质量和效率的重要举措，是引导产业转型升级、提升中国制造竞争力的紧迫任务，是引领绿色消费、保障和改善民生的有效途径，是履行国际减排承诺、提升我国参与全球治理制度性话语权的现实需要。"

涂料是现代合成材料和新材料的一个重要部分，在国民经济各行业发展过程中发挥着十分重要的作用。涂料的应用范围广泛，几乎遍及所有的工业和民用领域。2017年我国涂料总产量已达2 036万吨，已经连续数年位居世界第一。

为了贯彻执行《国务院关于印发深化标准化工作改革方案的通知》，涂料行业确定建立政府主导制定的标准和市场自主制定的标准协同发展，协调配套的新型标准体系。团体标准作为市场自主制定标准的主要方面是标准化改革的一个重要内容。

为使涂料行业及相关单位及时了解中国涂料工业协会标准化技术委员会标准化的相关工作，贯彻落实《生态文明体制改革总体方案》，建立和推动绿色产品、工厂、供应链和园区等绿色制造体系的建设，中国涂料工业协会标准化技术委员会收集和编辑了近3年发布的《汽车用高固体分溶剂型涂料》《绿色设计产品评价技术规范 水性建筑涂料》等10项绿色产品和低挥发性有机物(VOCs)的团体标准，旨在汇报团体标准编制工作成果，为我国社会团体的标准化工作的发展和推动提供一些借鉴和帮助。

编 者

2018年12月

目 录

ICS 87.040
G 51

团　体　标　准

T/CNCIA 01001—2016

汽车用高固体分溶剂型涂料

High solid solventborne automotive coatings

2016-12-28 发布　　　　2017-02-01 实施

中国涂料工业协会　发 布

前　言

本标准按照 GB/T 1.1—2009 给出的规则起草。

本标准由中国涂料工业协会提出并归口。

本标准起草单位：中国涂料工业协会产业发展部、艾仕得涂料系统（上海）有限公司、PPG 涂料（天津）有限公司、湖南湘江关西涂料有限公司、中山大桥化工集团有限公司、上海金力泰化工股份有限公司、中国第一汽车股份有限公司、立邦涂料（中国）有限公司、漳州鑫展旺化工有限公司。

本标准主要起草人：文立新、马军、刘杰、鲁文辉、闫福成、李学志、杨鹏飞、刘亮、宋华、杨小青、张孟钧、熊斌、高成勇、夏天渊、何明峰。

汽车用高固体分溶剂型涂料

1 范围

本标准规定了汽车用高固体分溶剂型涂料产品的分类、要求、试验方法、检验规则及标志、包装和贮存。

本标准适用于高固体分溶剂型涂料产品、用于汽车表面起装饰和保护的原厂涂料。产品用于乘用车、商用车、挂车、汽车列车等。

2 规范性引用文件

下列文件对于本文件的应用是必不可少的。凡是注日期的引用文件,仅注日期的版本适用于本文件。凡是不注日期的引用文件,其最新版本(包括所有的修改单)适用于本文件。

GB/T 1725 色漆、清漆和塑料 不挥发物含量的测定

GB/T 1728—1979 漆膜、腻子膜干燥时间测定法

GB/T 1732 漆膜耐冲击性测定法

GB/T 1740 漆膜耐湿热测定法

GB/T 1766 色漆和清漆 涂层老化的评级方法

GB/T 1770 涂膜、腻子膜打磨性测定法

GB/T 1771 色漆和清漆 耐中性盐雾性能的测定

GB/T 1865 色漆和清漆 人工气候老化和人工辐射曝露 滤过的氙弧辐射

GB/T 3186 色漆、清漆和色漆与清漆用原材料 取样

GB/T 5209 色漆和清漆耐水性的测定 浸水法

GB/T 6682—2008 分析试验室用水规格和试验方法

GB/T 6739 色漆和清漆 铅笔法测定漆膜硬度

GB/T 6753.3 涂料贮存稳定性试验方法

GB/T 8170 数值修约规则与极限数值的表示和判定

GB/T 9274—1988 色漆和清漆 耐液体介质的测定

GB/T 9276 涂层自然气候曝露试验方法

GB/T 9278 涂料试样状态调节和试验的温湿度

GB/T 9286 色漆和清漆 漆膜的划格试验

GB/T 9750 涂料产品包装标志

GB/T 9753 色漆和清漆 杯突试验

GB/T 9754 色漆和清漆 不含金属颜料的色漆漆膜的 20°、60°和 85°镜面光泽的测定

GB 11121 汽油机油

GB/T 13452.2 色漆和清漆 漆膜厚度的测定

GB/T 13491 涂料产品包装通则

GB 17930 车用汽油

GB/T 23989 涂料耐溶剂擦拭性测定法

3 术语和定义

下列术语和定义适用于本文件。

3.1

实色漆　solid color paints

不含金属、珠光等效应颜料的色漆。

3.2

底色漆　base coats

表面需涂装罩光清漆的色漆。

3.3

本色面漆　solid color paints(monocoats)

表面不需涂装罩光清漆的实色漆。

3.4

中涂漆　primer surfacer

多层涂装时,施涂于底涂层和面涂层之间的色漆。

3.5

罩光清漆　clear coat

涂于底色漆和面漆之上形成保护装饰涂层的清漆。

3.6

施工固体分　appication solid

涂料在施工应用状态下的重量固体分。

4　分类

本标准将汽车用高固体分溶剂型涂料分为中涂漆和面漆。其中面漆分为本色面漆、实色底色漆、金属底色漆和罩光清漆。

5　要求

产品应符合表1的要求。

表1　汽车用高固体分溶剂型中涂漆和面漆产品要求

项　目		指　标				
		中涂漆	本色面漆	实色底色漆	金属底色漆	罩光清漆
原漆性能	在容器中状态	搅拌后均匀无硬块				
	贮存稳定性[(50±2)℃,7 d或(60±2)℃,16 h]	无异常(无结块),黏度变化合格				
施工性能	施工固体分/%　≥	57(3C1B) 60(3C2B)	60(白色) 50(黑、红) 55(其他)	60(白色) 45(其他)	42	58
	烘干条件　≥	工件温度140 ℃ / 保温时间20 min				
	打磨性(20次)	易打磨不粘砂纸				

表 1（续）

项目			指标				
			中涂漆	本色面漆	实色底色漆	金属底色漆	罩光清漆
复合涂层性能	涂膜外观		平整光滑无缺陷				
	耐二甲苯擦拭性		擦拭 25 次，不咬起、不渗色(目视)				
	划格试验/级 ≤		1				
	耐冲击性/cm ≥		30				
	漆膜硬度 ≥		HB				
	光泽(20°)/单位值 ≥		—	80	85		
	杯突试验/mm ≥		—	3	3		
	鲜映性/DOI 值 ≥		—	80	80		
	耐温变性 (8 次) [(−40 ± 2)℃/1 h，(60±2)℃/1 h 为一次循环]		—	无粉化、开裂、剥落、气泡、明显变色等现象			
	耐水性(240 h)		—	无异常			
	耐酸性 (0.05 mol/L H_2SO_4，48 h)		—	无异常、无侵蚀			
	耐碱性 (0.1 mol/L NaOH，48 h)		—	无异常、无侵蚀			
	耐油性(SE 15W-40 机油，48 h)		—	无异常			
	耐汽油性(92 号汽油(Ⅴ)浸泡法 4 h)		—	无异常			
	耐盐雾性		—	240 h 盐雾后，划格附着力≤2 级			
	耐湿热性(240 h)		—	无起泡、生锈、开裂现象，变色≤1 级			
	耐人工老化(气候：氙灯 1 500 h)	白色	—	无粉化、起泡、脱落、开裂现象，变色≤1 级，失光≤2 级			
		其他颜色	—	无粉化、起泡、脱落、开裂现象，变色≤2 级，失光≤2 级			
	户外曝晒[a]		—	湿热海洋环境曝晒(例如：琼海)24 个月，综合评级≤1 级			

[a] 佛罗里达户外曝晒实验结果可作为本标准等效参考依据。

6 试验方法

6.1 取样

产品按 GB/T 3186 规定取样，也可按商定方法取样。取样量根据检验需要确定。

6.2 试验环境

试板的状态调节和试验的温湿度应符合 GB/T 9278 的要求。

6.3 试验样板的制备

实验样板采用复合涂层,复合涂层包括电泳漆＋中涂＋单色面漆或电泳漆＋中涂＋色漆＋清漆,复合涂层膜厚 90 μm～110 μm。涂层膜厚按照 GB/T 13452.2 检测。

6.4 操作方法

6.4.1 一般规定

所用试剂均为化学纯以上,所用水均为符合 GB/T 6682—2008 规定的三级水,试验用溶液在试验前预先调整到试验温度。

6.4.2 在容器中状态

打开容器,用调刀或搅棒搅拌,允许容器底部有沉淀,若经搅拌易于混合均匀,则评为“搅拌后均匀”。

6.4.3 贮存稳定性

将约 0.5 L 的样品装入合适的塑料或玻璃容器中,瓶内留有约 10%的空间,密封后放入(50±2)℃恒温干燥箱中保持 7 d 或在(60±2)℃恒温干燥箱中保持 16 h 后取出在(23±2)℃下放置 3 h,按 6.4.2 检查“在容器中状态”,并按照 GB/T 6753.3 的要求测定黏度。如果贮存后试验结果与贮存前无明显差异,则评为“无异常”;黏度变化与贮存前差异≤30%,则评为“合格”。

6.4.4 施工固体分

按 GB/T 1725 规定进行。

6.4.5 烘干条件

按 GB/T 1728—1979 规定进行。其中表干按乙法进行,实干(包括烘干)按甲法进行。

6.4.6 打磨性

按 GB/T 1770 规定进行。选用 300 号水砂纸进行湿磨。

6.4.7 耐二甲苯擦拭

按照 GB/T 23989 的要求,擦拭 25 次,目测漆膜不咬起、不渗色。

6.4.8 涂膜外观

样板在散射日光下目视观察,如果涂膜均匀,无流挂、发花、针孔、开裂和剥落等涂膜病态,则评为“正常”。

6.4.9 划格试验

按 GB/T 9286 规定进行。

6.4.10 耐冲击性

按 GB/T 1732 规定进行。

6.4.11 漆膜硬度

按 GB/T 6739 规定进行。

6.4.12 光泽(20°)

按 GB/T 9754 规定进行。

6.4.13 杯突试验

按照 GB/T 9753 规定进行。

6.4.14 鲜映性

用多功能桔皮仪测定,重复测定 5 次,取平均值作为结果。

6.4.15 耐温变性

按 6.3.2.2 规定制备好漆膜后,将 3 块试板放入(−40±2)℃低温箱中 1 h,取出放入(60±2)℃烘箱箱中 1 h,此为一循环。重复 8 次循环后,在散射日光下目视观察,如 3 块试板中有 2 块未出现起泡、开裂、剥落等涂膜病态现象,但允许出现轻微变色和轻微光泽变化,则评为“无异常”。如出现以上涂膜病态现象按 GB/T 1766 进行描述。

6.4.16 耐水性

按 GB/T 5209 规定进行。浸入符合 GB/T 5209 标准规定的水中 240 h,在散射日光下目视观察,如 3 块试板中有 2 块未出现起泡、起皱、剥落等涂膜病态现象,但允许出现轻微变色和轻微光泽变化,则评为“无异常”。如出现以上涂膜病态现象按 GB/T 1766 进行描述。

6.4.17 耐酸性

按 GB/T 9274—1988 中甲法的规定进行。浸入 0.05 mol/L 的 H_2SO_4 溶液中 48 h ,在散射日光下目视观察,如 3 块试板中有 2 块未出现起泡、起皱、剥落等涂膜病态现象,但允许出现轻微变色和轻微光泽变化,则评为“无异常”。如出现以上涂膜病态现象按 GB/T 1766 进行描述。

6.4.18 耐碱性

按 GB/T 9274—1988 中甲法的规定进行。浸入 0.1 mol/L 的 NaOH 溶液中 48 h ,在散射日光下目视观察,如 3 块试板中有 2 块未出现起泡、起皱、剥落等涂膜病态现象,但允许出现轻微变色和轻微光泽变化,则评为“无异常”。如出现以上涂膜病态现象按 GB/T 1766 进行描述。

6.4.19 耐油性

按 GB/T 9274—1988 中甲法的规定进行。浸入符合 GB 11121 规定的 SE 15W-40 机油中 48 h ,在散射日光下目视观察,如 3 块试板中有 2 块未出现起泡、起皱、剥落等涂膜病态现象,则评为“无异常”。允许出现轻微变色和轻微光泽变化,如出现以上涂膜病态现象按 GB/T 1766 进行描述。

6.4.20 耐汽油性

按 GB/T 9274—1988 中甲法的规定进行。浸入符合 GB 17930 规定的 92 号汽油中 4 h,在散射日光下目视观察,如 3 块试板中有 2 块未出现起泡、起皱、剥落等涂膜病态现象,也未出现明显变色和明显光泽变化,则评为“无异常”。如出现以上涂膜病态现象按 GB/T 1766 进行描述。

6.4.21 耐盐雾性

按 GB/T 1771 规定进行。

6.4.22 耐湿热性

按 GB/T 1740 规定进行。如出现起泡、生锈、开裂和变色等涂膜病态现象，按 GB/T 1766 进行描述。

6.4.23 耐人工气候老化性

按 GB/T 1865 规定进行。如出现粉化、起泡、脱落、开裂、变色和失光等涂膜病态现象，按 GB/T 1766进行描述。

6.4.24 户外曝晒

按 GB/T 9276 规定进行。如出现粉化、起泡、脱落、开裂、变色和失光等涂膜病态现象，按 GB/T 1766进行描述。

7 检验规则

7.1 检验分类

7.1.1 产品检验分出厂检验和型式检验。

7.1.2 出厂检验项目包括在容器中状态、干燥时间、打磨性、划格试验、耐冲击性、铅笔硬度、光泽。

7.1.3 型式检验项目包括本标准所列的全部技术要求。在正常生产情况下，贮存稳定性、杯突试验、鲜映性、耐温变性、耐水性、耐酸性、耐碱性、耐油性、耐汽油性每半年至少检验一次，耐盐雾性、耐湿热性每年检验一次，耐人工气候老化性在首次认可中检验或根据与客户协商。

7.2 检验结果的判定

7.2.1 检验结果的判定按 GB/T 8170 中修约值比较法进行。

7.2.2 应检项目的检验结果均达到本标准要求时，该试验样品为符合本标准要求。

8 标志、包装和贮存

8.1 标志

按 GB/T 9750 规定进行。

8.2 包装

按 GB/T 13491—1992 中一级包装要求的规定进行。

8.3 贮存

产品贮存时应保证通风、干燥、避光，防止日光直接照射并应隔绝火源，远离热源。产品应根据类型定出贮存期，并在包装标志上明示。

ICS 87.040
G 51

团 体 标 准

T/CNCIA 01003—2017

环氧石墨烯锌粉底漆

Epoxy graphene zinc primer

2018-02-27 发布　　2018-05-01 实施

中国涂料工业协会　发布

前　言

本标准按照 GB/T 1.1—2009 给出的规则起草。

本标准由中国涂料工业协会提出并归口。

本标准主要起草单位：信和新材料股份有限公司、海洋化工研究院有限公司、中国船舶重工集团公司第七二五研究所、福建省腾龙工业公司、中国涂料工业协会、中国石墨烯产业技术创新战略联盟。

本标准参与起草单位：厦门大学、中国科学院宁波材料技术与工程研究所、宁波中科银亿新材料有限公司、山东齐鲁漆业有限公司、上海振华重工(集团)股份有限公司、泉州中车唐车轨道车辆有限公司、徐州徐工随车起重机有限公司、福建省产品质量检验研究院、中集集团集装箱控股有限公司、厦门捌斗新材料科技有限公司、厦门百安兴新材料有限公司。

本标准主要起草人：王书传、王立、李跃武、胡建林、桂泰江、王晶晶、王芗旭、齐祥昭、李力、尹立军、康新征、戴李宗、许一婷、王立平、蒲吉斌、王庆军、徐正斌、王坤江、李成、李捷、黄杰强、潘佐、许超、甘勇强。

环氧石墨烯锌粉底漆

1 范围

本标准规定了环氧石墨烯锌粉底漆产品的分类、要求、试验方法、检验规则及标志、包装和贮存。

本标准适用于由以环氧树脂和固化剂为主要成膜物质,石墨烯粉体材料、锌粉(除鳞片状锌粉)、溶剂等组成的多组分涂料,该涂料用于钢铁基材的防锈。

本标准适用于不挥发物中金属锌含量高于20%的溶剂型环氧石墨烯锌粉底漆产品。

2 规范性引用文件

下列文件对于本文件的应用是必不可少的。凡是注日期的引用文件,仅注日期的版本适用于本文件。凡是不注日期的引用文件,其最新版本(包括所有的修改单)适用于本文件。

GB/T 1725 色漆、清漆和塑料 不挥发物含量的测定

GB/T 1728—1979 漆膜、腻子膜干燥时间测定法

GB/T 1732 漆膜耐冲击性测定法

GB/T 1771 色漆和清漆 耐中性盐雾性能的测定

GB/T 3186 色漆、清漆和色漆与清漆用原材料 取样

GB/T 5210—2006 色漆和清漆 拉开法附着力试验

GB/T 6750 色漆和清漆 密度的测定 比重瓶法

GB/T 6890 锌粉

GB/T 8170—2008 数值修约规则与极限数值的表示和判定

GB/T 8923.1 涂覆涂料前钢材表面处理 表面清洁度的目视评定 第1部分:未涂覆过的钢材表面和全面清除原有涂层后的钢材表面的锈蚀等级和处理等级

GB/T 9271—2008 色漆和清漆 标准试板

GB/T 9278 涂料试样状态调节和试验的温湿度

GB/T 9750 涂料产品包装标志

GB/T 13288.1—2008 涂覆涂料前钢材表面处理 喷射清理后的钢材表面粗糙度特性 第1部分:用于评定喷射清理后钢材表面粗糙度的ISO表面粗糙度比较样块的技术要求和定义

GB/T 13452.2—2008 色漆和清漆 漆膜厚度的测定

GB/T 13491 涂料产品包装通则

GB/T 23985—2009 色漆和清漆 挥发性有机化合物(VOC)含量的测定 差值法

HG/T 3668—2009 富锌底漆

T/CGIA 001—2017 石墨烯材料的术语、定义及代号

3 术语和定义

T/CGIA 001—2017界定的以及下列术语和定义适用于本文件。为了方便使用,以下重复列出了T/CGIA 001—2017中的一些术语和定义。

3.1

石墨烯　graphene

每一个碳原子以 SP^2 杂化与三个相邻碳原子键形成的蜂窝状结构的碳原子单层。

注：是许多碳材料的构建单元。

[T/CGIA 001—2017，定义 3.1]

3.2

石墨烯材料　graphene materials

由石墨烯单独或堆垛而成、层数不超过 10 层的碳纳米材料。

[T/CGIA 001—2017，定义 3.7]

3.3

石墨烯粉体　graphene powder

由石墨烯纳米片或(和)石墨烯微片无序堆积且可以流动的聚集体。

[T/CGIA 001—2017，定义 3.12]

3.4

环氧石墨烯锌粉底漆　epoxy graphene zinc primer

一种加有微量石墨烯粉体材料，较低锌粉含量、高耐腐蚀性的环氧锌粉底漆。

4　分类

本标准产品按不挥发物中金属锌含量和耐盐雾时间分为四种类型：

a)　1 类：不挥发物中金属锌含量>70%，耐盐雾性≥4 200 h；
b)　2 类：不挥发物中金属锌含量>50%，耐盐雾性≥2 500 h；
c)　3 类：不挥发物中金属锌含量>40%，耐盐雾性≥1 500 h；
d)　4 类：不挥发物中金属锌含量>20%，耐盐雾性≥800 h。

5　要求

产品应符合表 1 的要求。

表 1　性能要求

检测项目		技术指标			
		1 类	2 类	3 类	4 类
在容器中的状态		搅拌混合后无硬块，呈均匀状态			
密度		按产品技术要求			
干燥时间/h　≤	表干	1			
	实干	24			
不挥发物含量/%　≥		75			
不挥发分中金属锌含量/%　>		70	50	40	20
挥发性有机化合物含量/(g/L)≤		420			
施工性		施工无障碍			
耐冲击性/cm		50			

表 1（续）

检测项目	技术指标			
	1 类	2 类	3 类	4 类
附着力/MPa ≥	6			
耐盐雾性/h ≥	4 200	2 500	1 500	800
	划痕处单向扩蚀≤2 mm，未划痕区域无生锈、无起泡、无开裂，无剥落等现象			
锌粉应符合 GB/T 6890 的要求。				

6 试验方法

6.1 取样

产品按 GB/T 3186 规定取样，也可按照商定的方法取样。取样量根据检验需要确定。

6.2 试验环境

除另有规定，制备好的样板应在 GB/T 9278 规定的条件下放置规定的时间后，按相关的检验方法进行性能测试。

干燥时间、耐冲击性和附着力项目应在 GB/T 9278 规定的条件下进行测试。

6.3 试验样板的制备

除另有规定外，试验用马口铁板、钢板应符合 GB/T 9271—2008 的要求。马口铁板的处理按 GB/T 9271—2008 中 4.3 的规定进行。钢板进行喷射处理，其除锈等级达到 GB/T 8923.1 中规定的 Sa2½ 级，表面粗糙度达到 GB/T 13288.1—2008 中规定的中级，即丸状磨料 Ry(40～70)μm，棱角状磨料 Ry(60～100)μm。

按 GB/T 13452.2—2008 中规定的方法测定干涂层的厚度，以 μm 计。测量喷射处理钢板上干涂层厚度时，从试板上的上部、中部和底部各取不少于两次读数，读数时距离边缘至少 10 mm，去掉任何异常高的或低的读数，取 6 次读数的平均值。

样板的制备按表 2 的要求进行，采用与标准规定不同的底材、底材处理方法及样板制板方法时，应在试验报告中注明。

各组分按规定比例混合，在(23±2)℃条件下熟化 30 min 后制板。

表 2　制板要求

检验项目	底材类型	底材尺寸/mm	干膜厚度/μm	涂装要求
干燥时间 耐冲击性	马口铁板	120×50×(0.2～0.3)	23±3	喷涂 1 道，除干燥时间外，耐冲击性在 GB/T 9278 规定的条件下养护 48 h
附着力 耐盐雾性	喷砂钢板	150×70×(3～5)	90±10	喷涂 1 道～2 道，每道间隔 24 h，在 GB/T 9278规定的条件下养护 14 d

6.4 性能试验

6.4.1 涂料性能试验

6.4.1.1 在容器中的状态

对于粉末，以目视观察进行评定。

对于锌粉浆组分，打开容器，用调刀或搅拌棒搅拌，允许容器底部有沉淀，经搅拌应易于混合均匀。

对于液体涂料，打开容器，用调刀或搅棒搅拌，应无硬块，呈均匀状态。

6.4.1.2 密度

按 GB/T 6750 规定进行，将产品各组分(稀释剂除外)按生产商规定的比例混合后进行试验。

6.4.1.3 干燥时间

按 GB/T 1728—1979 规定，表干按乙法进行，实干按甲法进行。

6.4.1.4 不挥发物含量

按 GB/T 1725 规定，将产品主剂与固化剂按产品规定的比例混合后进行试验。试样量为(2.5±0.1)g，烘烤温度为(105±2)℃，烘烤时间为 2 h。其中，含有活性稀释剂的产品，在 GB/T 9278 规定的条件下熟化 24 h 后进行烘烤。

6.4.1.5 不挥发分中金属锌含量

按 HG/T 3668—2009 中附录 A 规定进行。

6.4.1.6 挥发性有机化合物含量

按 GB/T 23985—2009 中方法 2 的规定进行。

6.4.1.7 施工性

按产品规定要求混合，进行喷涂、刷涂和辊涂试验时，应具有良好的流动性和涂布性，干燥后漆膜应平整、均匀。

6.4.2 涂层性能试验

6.4.2.1 耐冲击性

按 GB/T 1732 规定进行。

6.4.2.2 附着力

按 GB/T 5210—2006 中 9.4.1 规定的方法进行。

6.4.2.3 耐盐雾性

按 GB/T 1771 规定进行，使用专用划痕工具在试板上划一道平行于试板长边，且划至基材的划痕进行试验。

7 检验规则

7.1 检验分类

7.1.1 产品检验分为出厂检验和型式检验。

7.1.2 出厂检验项目包括在容器中的状态、密度、不挥发物含量、干燥时间和施工性。

7.1.3 型式检验项目包括表1所列的全部性能要求。

有下列情况之一时应随时进行型式检验：

——新产品最初定型时；

——产品异地生产时；

——生产配方、工艺、关键原材料来源及产品施工配比有较大改变时。

在正常生产情况下，耐盐雾性试验项目每4年检验一次，其他项目每年至少检验一次。

7.2 检验结果的判定

7.2.1 判定方法

检验结果的判定按GB/T 8170—2008中的数值修约值比较法进行。

7.2.2 合格判定

应检项目的检验结果均达到本标准要求时，该试验样品为符合本标准要求。

8 标志、标签、包装和贮存

8.1 标志

产品的标志应符合GB/T 9750的要求。

8.2 标签

涂料包装容器应附有标签，注明产品中石墨烯材料的产品代号，产品的标准编号、型号、名称、质量、批号、贮存期、生产厂名、厂址及生产日期。

产品标签中的石墨烯材料的产品代号标识方法，按T/CGIA 001—2017中第6章规定进行。

8.3 包装

包装应符合GB/T 13491—1992中的一级包装的要求。

8.4 贮存

产品贮存时应保证通风、干燥，防止日光直接照射并应隔绝火源，远离热源。产品应确定贮存期，并在包装标志上明示。

ICS 87.040
G 51

团　体　标　准

T/CNCIA 01004—2017

水性石墨烯电磁屏蔽建筑涂料

Waterborne graphene electromagnetic shielding coating for architecture

2018-02-27 发布　　　　2018-05-01 实施

中国涂料工业协会　发布

前　言

本标准按照 GB/T 1.1—2009 给出的规则起草。

本标准由中国涂料工业协会提出并归口。

本标准起草单位:信和新材料股份有限公司、中国船舶重工集团公司第七二五研究所、中国涂料工业协会、中国石墨烯产业技术创新战略联盟。

本标准参与起草单位:厦门大学、中国科学院宁波材料技术与工程研究所 、宁波中科银亿新材料有限公司、福建省腾龙工业公司、福建省产品质量检验研究院、厦门捌斗新材料科技有限公司。

本标准主要起草人:王书传、何文龙、李跃武、苏孟兴、齐祥昭、李力、尹立军、康新征、戴李宗、许一婷、王立平、蒲吉斌、王芗旭、李捷、何阳、许超。

水性石墨烯电磁屏蔽建筑涂料

1 范围

本标准规定了水性石墨烯电磁屏蔽建筑涂料产品的要求、试验方法、检验规则及标志、包装和贮存。

本标准适用于以丙烯酸树脂乳液(乳胶)或其他材料为基料,水为主要分散介质,石墨烯粉体材料为主要屏蔽功能材料,配以助剂、填料等制成的建筑内外墙用底漆。

2 规范性引用文件

下列文件对于本文件的应用是必不可少的。凡是注日期的引用文件,仅注日期的版本适用于本文件。凡是不注日期的引用文件,其最新版本(包括所有的修改单)适用于本文件。

GB/T 1303.4—2009 电气用热固性树脂工业硬质层压板 第4部分:环氧树脂硬质层压板

GB/T 1728—1979 漆膜、腻子膜干燥时间测定法

GB/T 1733—1993 漆膜耐水性测定法

GB/T 1766 色漆和清漆 涂层老化的评级方法

GB/T 3186 色漆、清漆和色漆与清漆用原材料 取样

GB/T 6750 色漆和清漆 密度的测定 比重瓶法

GB/T 6682—2008 分析实验室用水规格和试验方法

GB/T 8170—2008 数值修约规则与极限数值的表示和判定

GB/T 9265 建筑涂料 涂层耐碱性的测定

GB/T 9268—2008 乳胶漆耐冻融性的测定

GB/T 9271—2008 色漆和清漆 标准试板

GB/T 9278 涂料试样状态调节和试验的温湿度

GB/T 9286 色漆和清漆 漆膜的划格试验

GB/T 9750 涂料产品包装标志

GB/T 13491—1992 涂料产品包装通则

GB 18582 室内装饰装修材料 内墙涂料中有害物质限量

GB 24408 建筑用外墙涂料中有害物质限量

GB/T 25471 电磁屏蔽涂料的屏蔽效能测量方法

JC/T 412.1 纤维水泥平板 第1部分:无石棉纤维水泥平板

JG/T 210—2007 建筑内外墙用底漆

T/CGIA 001—2017 石墨烯材料的术语、定义及代号

3 术语和定义

T/CGIA 001—2017 界定的以及下列术语和定义适用于本文件。为了便于使用,以下重复列出了 T/CGIA 001—2017 中的一些术语和定义。

3.1

石墨烯 graphene

每一个碳原子以 SP^2 杂化与三个相邻碳原子键形成的蜂窝状结构的碳原子单层。

注：是许多碳材料的构建单元。

[T/CGIA 001—2017,定义 3.1]

3.2

石墨烯材料　graphene materials

由石墨烯单独或堆垛而成、层数不超过 10 层的碳纳米材料。

[T/CGIA 001—2017,定义 3.7]

3.3

石墨烯粉体　graphene powder

由石墨烯纳米片或(和)石墨烯微片无序堆积且可以流动的聚集体。

[T/CGIA 001—2017,定义 3.12]

3.4

屏蔽效能　shielding effectiveness

在同一激励电平下，无屏蔽涂料与有屏蔽涂料时所接受到的功率或电压之比，并以对数表示。

[GB/T 25471—2010,定义 3.1]

3.5

水性石墨烯电磁屏蔽建筑涂料　waterborne graphene electromagnetic shielding coating for architecture

一种加有微量石墨烯粉体材料，具有屏蔽电磁波功能的水性建筑涂料。

4　要求

产品应符合表 1 的要求。

表 1　性能要求

项目		技术指标
容器中状态		无硬块，搅拌后呈均匀状态
施工性		刷涂无障碍
耐冻融性		3 次循环不变质
涂膜外观		正常
干燥时间(表干)/h	≤	2
耐水性,96 h		无异常
耐碱性,72 h		无异常
附着力	≤	2 级
透水性/mL	≤	0.5
抗泛碱性,96 h		无异常
抗盐析性,144 h		无异常
电阻率 Ω/□	≤	10
屏蔽效能(30 MHz～1.5 GHz)/dB	≥	30
与下道涂层的适应性		正常
有害物质限量		内墙产品应符合 GB 18582 规定 外墙产品应符合 GB 24408 规定

5 试验方法

5.1 取样

按 GB/T 3186 规定取样,取样量根据试验需要确定。

5.2 试验环境

试板的状态调节和试验的温湿度应符合 GB/T 9278 的要求。

5.3 试验样板的制备

5.3.1 试样准备

所检产品未明示稀释配比时,搅拌均匀后制板。如果所检产品标明了稀释比例,需要制板进行检验的项目,均应按规定的稀释剂比例混合均匀后制板,若稀释配比为某一范围时,应取其中间值。

5.3.2 底材的选择和处理方法

除另有商定外,按表 2 的规定选用底材。抗泛碱性、抗盐析性使用无石棉纤维增强水泥中密度板;电阻率、屏蔽效能选用符合 GB/T 1303.4—2009 表 3 中 EP CC301 板的技术要求的环氧树脂硬质层压板;其余项目均使用符合 JC/T 412.1 中要求的最高抗折强度等级无石棉水泥平板。水泥板的处理应按 GB/T 9271—2008 中 10.2 的规定进行。

5.3.3 试验样板的制备

5.3.3.1 制板方法

A、电阻率、屏蔽效能采用喷涂法,参照涂料生产厂商提供的施工配比进行稀释,按表 2 所规定的底材和涂膜厚度进行制板。

B、除电阻率、屏蔽效能外,其余项目均采用刷涂法制板。

每个试样按照 GB/T 6750 规定先测定密度 D,按式(1)计算出刷涂质量:

$$m = D \times S \times (80 \times 10^{-4}\,\text{cm}) \qquad (1)$$

式中:

m ——湿膜厚度为 80 μm 的一道刷涂质量的数值,单位为克(g);

D ——按规定的稀释比例稀释后的样品密度的数值,单位为克每毫升(g/mL);

S ——试板面积的数值,单位为平方厘米(cm^2)。

每道刷涂质量:计算刷涂质量 m(精确到±0.1g)。

透水性、抗泛碱性和抗盐析性试板刷涂两道(每一道湿膜厚度 80 μm),其余均刷涂一道。每道刷涂间隔时间不小于 2 h。

注:若涂料黏度过低,无法按计算刷涂量一次制板时,可分几次刷涂,保证最终全部涂料均匀涂在底材上,并在报告中注明这一情况;若涂料由于黏度过高,无法按计算刷涂量制板的,可适当加水稀释,并在报告中注明稀释比例及实际的刷涂质量。

5.3.3.2 制板参数

除另有规定外,各检验项的底材类型、试板尺寸、数量、涂布量及养护期应符合表 2 的规定。

表 2 制板要求

检验项目	底材类型	试板尺寸 mm×mm×mm	试板数量	涂料涂布量 μm	试板养护期 d
干燥时间	无石棉水泥板	150×70×(4～6)	1	80(湿膜厚度)	—
耐水性	无石棉水泥板	150×70×(4～6)	3	80(湿膜厚度)	7
耐碱性	无石棉水泥板	150×70×(4～6)	3	80(湿膜厚度)	7
施工性、涂膜外观	无石棉水泥板	430×150×(4～6)	1	1 道	—
附着力	无石棉水泥板	150×70×(4～6)	2	80(湿膜厚度)	7
透水性	无石棉水泥板	200×150×(4～6)	2	80+80(湿膜厚度)	7
抗泛碱性	无石棉纤维增强水泥中密度板	150×70×(5.5～6.5)	5	80+80(湿膜厚度)	7
抗盐析性	无石棉纤维增强水泥中密度板	150×70×(5.5～6.5)	3	80+80(湿膜厚度)	7
与下道涂层的适应性	无石棉水泥平板	430×150×(4～6)	1	1 道	1
电阻率	环氧树脂硬质层压板	150×70×(3±0.3)	2	70±5(干膜厚度)	7
屏蔽效能	环氧树脂硬质层压板	按 GB/T 25471 规定	空白 1 块 涂漆 3 块	70±5(干膜厚度)	7

5.4 操作方法

5.4.1 一般规定

除非另有规定，在试验过程中所使用的试剂应为化学纯及以上纯度，试验用水应符合 GB/T 6682—2008 中三级水要求的蒸馏水或去离子水。试验用溶液在试验前预先调整到试验温度。

5.4.2 在容器中的状态

打开容器，用调刀或搅拌棒搅拌，搅拌时无硬块，易于混合均匀，则评为“无硬块，搅拌后呈均匀状态”。

5.4.3 施工性

用刷子在试板平滑面上刷涂试样，刷子运行无困难，则评为“刷涂无障碍”。

5.4.4 耐冻融性

按 GB/T 9268—2008 中 A 法的规定进行 3 次循环试验。

5.4.5 涂膜外观

施工性试验结束后的试样放置 24 h，目视观察涂膜，无明显缩孔，涂膜均匀，则评为“正常”。

5.4.6 干燥时间

按 GB/T 1728—1979 的表干乙法的规定进行。

5.4.7 耐水性

按 GB/T 1733—1993 中甲法规定进行。试板投试前除封边外，还需封背。将 3 块试板浸入 GB/T 6682—2008 规定的三级水中，三块试板中有两块未出现起泡、掉粉等涂膜病态现象，则评为“无异常”。如出现以上涂膜病态现象，按 GB/T 1766 的规定进行描述。

5.4.8 耐碱性

按 GB/T 9265 规定进行，三块试板中有两块未出现起泡、掉粉等涂膜病态现象，则评为“无异常”。如出现上述病态现象，则按 GB/T 1766 的规定进行描述。

5.4.9 附着力

按 GB/T 9286 规定进行。用单刃刀具沿样板长边的平行和垂直方向各平行切割 3 道，每道间隔为 3 mm，网格数为 4，进行胶带剥离试验。

5.4.10 透水性

按 JG/T 210—2007 中附录 A 规定进行。

5.4.11 抗泛碱性

按 JG/T 210—2007 中 6.14 规定进行。

5.4.12 抗盐析性

按 JG/T 210—2007 中 6.15 规定进行。

5.4.13 电阻率

按附录 A 的规定进行。

5.4.14 屏蔽效能

按 GB/T 25471 规定进行。

5.4.15 与下道涂层的适应性

按表 2 规定制备底漆，在 GB/T 9278 规定的条件下养护 24 h 后，用规格为 120 的线棒刮涂一道水性中涂漆或水性面漆，刮涂下道漆时易施工、不咬底，目视观察涂膜，不渗色、不开裂，无明显缩孔、流挂或其他病态现象，涂膜均匀，则评为“正常”。

5.4.16 有害物质限量

内墙产品按 GB 18582 规定进行。

外墙产品按 GB 24408 规定进行。

6 检验规则

6.1 检验分类

产品检验分为出厂检验和型式检验。

6.2 检验项目

6.2.1 出厂检验

每批涂料均应进行出厂检验。检验项目包括在容器中的状态、施工性、涂膜外观、干燥时间。

6.2.2 型式检验

型式检验项目包括表1所列的全部技术要求。有下列情况之一时，应随时进行型式检验：

a) 正常生产情况下，每年进行一次型式检验；

b) 新产品最初定型时；

c) 产品异地生产时；

d) 生产配方、工艺、关键原材料来源及产品施工配比有较大改变时。

6.3 检验结果的判定

6.3.1 判定方法

检验结果的判定按GB/T 8170—2008数值修约值比较法进行。

6.3.2 合格判定

应检项目的检验结果均达到本标准要求时，该试验样品为符合本标准要求。

7 标志、标签、包装和贮存

7.1 标志

产品的标志应符合GB/T 9750的要求。

7.2 标签

涂料包装容器应附有标签，注明产品中石墨烯材料的产品代号，产品的标准编号、型号、名称、质量、批号、贮存期、生产厂名、厂址及生产日期。

产品标签中的石墨烯材料的产品代号标识方法，按T/CGIA 001—2017中第6章规定进行。

如需加水稀释，标签中应标明稀释比例。

7.3 包装

产品的包装应符合GB/T 13491—1992中二级包装的要求。

7.4 贮存

产品贮存时应保证通风、干燥，防止日光直接照射，冬季应采取适当防冻措施。产品应根据乳液(乳胶)类型定出贮存期，并在包装标志上明示。

附 录 A
（规范性附录）
电阻率测定方法

A.1 测量仪器

选用四探针方块电阻测试仪，最小分辨率 0.01 Ω/□，量程范围：1.00 Ω～1 999.99 Ω，探针排列为直线式。

A.2 试样

A.2.1 底材

环氧树脂硬质层压板。

A.2.2 规格和数量

150 mm×70 mm×(3±0.3)mm，2 块。

A.2.3 试验涂层

单面喷涂，涂层干膜厚度(70±5)μm，在 GB/T 9278 规定的条件下养护 7 d。

A.3 测量与计算方法

按照仪器说明书的操作方法，用探针在试样的四个角、四边中间及中心点共 9 个点位置(测试点距离试样边缘至少 1cm)，测试方块电阻，测量时应施加仪器所规定的压力。所得测量值分别为 R1～R9，计算其平均值所得为该试样的电阻率。

A.4 结果表示

平行测定两块试样的电阻率，如两次测定结果之差不大于 0.5 Ω/□，则取两次测定结果平均值。

ICS 87.040
G 50

团体标准

T/CNCIA 01005—2018

低VOCs含量高固体分、超高固体分和无溶剂环氧涂料定义

Definition of low VOCs content high solids, ultra high solids and solvent-free epoxy coating

2018-05-01 发布　　2018-07-01 实施

中国涂料工业协会　发布

前　言

本标准按照 GB/T 1.1—2009 给出的规则起草。

本标准由中国涂料工业协会提出并归口。

本标准主要起草单位：中远佐敦船舶涂料有限公司、海洋化工研究院有限公司、冶建新材料股份有限公司、上海国际油漆有限公司、上海海隆赛能新材料有限公司、湖南湘江涂料集团有限公司、信和新材料股份有限公司、中国涂料工业协会。

本标准参与起草单位：中船重工集团公司第七二五研究所、苏州吉人高新材料股份有限公司、河北晨阳工贸集团有限公司、山东齐鲁漆业有限公司、湖北天鹅涂料股份有限公司、湛新树脂(中国)有限公司。

本标准主要起草人：黄强、王健、张霁、桂泰江、史优良、郭舰、谢绍春、刘寿兵、王书传、齐祥昭、李力、王晶晶、徐泽孝、胡中源、王庆军、冯俊、戴顺安。

低 VOCs 含量高固体分、超高固体分和无溶剂环氧涂料定义

1 范围

本标准规定了低 VOCs 含量高固体分、超高固体分和无溶剂环氧涂料的术语和定义、要求、试验方法、检验规则、标识、标签、包装和贮存。

本标准适用于工业防腐领域使用低 VOCs 含量高固体分、超高固体分和无溶剂环氧涂料。

2 规范性引用文件

下列文件对于本文件的应用是必不可少的。凡是注日期的引用文件，仅注日期的版本适用于本文件。凡是不注日期的引用文件，其最新版本(包括所有的修改单)适用于本文件。

GB/T 1725 色漆、清漆和塑料 不挥发物含量的测定

GB/T 3186 色漆、清漆和色漆与清漆用原材料 取样

GB/T 8170—2008 数值修约规则与极限数值的表示和判定

GB/T 9272—2007 体积分数色漆和清漆 通过测量干涂层密度测定涂料的不挥发物体积分数

GB/T 9278 涂料试样状态调节和试验的温湿度

GB/T 9750 涂料产品包装标志

GB/T 13491—1992 涂料产品包装通则

GB/T 21862.4—2008 色漆和清漆 密度的测定 第4部分:压杯法

GB/T 23985—2009 色漆和清漆 挥发性有机化合物(VOC)含量的测定 差值法

GB/T 23986—2009 色漆和清漆 挥发性有机化合物(VOC)含量的测定 气相色谱法

3 术语和定义

下列术语和定义适用于本文件。

3.1

工业防腐环氧涂料 industrial anti-corrosive epoxy coating

以环氧树脂或改性环氧树脂为主要成膜材料的双组分液体涂料。主要用于船舶、桥梁、基建、石化、能源等行业钢结构的保护。

3.2

高固体分环氧涂料 high solids epoxy coating

按规定的方法测得标准施工状态下的不挥发物体积分数为70%～85%，且挥发性有机化合物含量小于250 g/L的溶剂型环氧涂料。

3.3

超高固体分环氧涂料 ultra high solids epoxy coating

按规定的方法测得的标准施工状态下的不挥发物质量分数大于88%，且挥发性有机化合物含量小于150 g/L的溶剂型环氧涂料。

3.4

无溶剂环氧涂料　solvent-free epoxy coating

按规定的方法测得的标准施工状态下的不挥发物质量分数大于97%，且挥发性有机化合物含量小于60 g/L的环氧涂料。

3.5

不挥发物体积分数　non-volatile matter by volume；NVv

在规定条件下，经挥发后所得到的残余物的体积分数。

3.6

不挥发物质量分数　non-volatile matter；NV

在规定条件下，经挥发后所得到的残余物(按质量计)。

3.7

标准施工状态　standard application condition

25 ℃条件下，在施工方式和施工条件满足相应产品技术说明书中的要求时，不添加稀释剂或添加稀释剂后VOCs范围仍符合表1中对应产品所列要求时，仍可进行施工的状态。

3.8

挥发性有机化合物　volatile organic compounds；VOCs

在所处大气环境的正常温度和压力下，可以自然蒸发的任何有机液体或固体。

注1：目前涂料领域所使用的术语VOCs，参见挥发性有机化合物含量(VOCs含量)。

注2：美国政府法规中规定，术语VOCs仅限于指那些在大气中具有光化学活性的化合物(见ASTM D3960)，而任何其他的化合物被定义为豁免化合物。

[见ISO 4618:2006]

注3：欧洲法规如欧盟指令2004/42/EC中规定，术语VOCs是指在101.325kPa标准压力下，沸点最高可达250 ℃的挥发性有机化合物。

3.9

挥发性有机化合物(VOCs)含量　volatile organic compounds content；VOCs content

在规定条件下，所测得的涂料中存在的挥发性有机化合物得含量。

注1：所需考虑的化合物的性质和数量将取决于涂料应用的领域。对于每个应用领域来说，测定或计算的方法以及限量值是通过法规规定或双方约定。

[见ISO 4618:2006]

注2：如果术语VOCs是指以最高沸点定义的化合物，则将沸点低于限定值的化合物看作为VOCs含量的部分，而沸点高于该限定值的化合物看作为非挥发性有机化合物。

4　要求

高固体分、超高固体分和无溶剂环氧涂料产品应符合表1的要求。

表1　要求

分类	不挥发物体积分数 % ≥	不挥发物质量分数 % ≥	VOCs含量 g/L <	建议检测项目		
				不挥发物体积分数	不挥发物质量分数	VOCs含量
高固体分环氧涂料	70	80	250	√	—	√
超高固体分环氧涂料	85	88	150	—	√	√

表 1（续）

分类	不挥发物体积分数 % ≥	不挥发物质量分数 % ≥	VOCs 含量 g/L <	建议检测项目		
				不挥发物体积分数	不挥发物质量分数	VOCs 含量
无溶剂环氧涂料	95	97	60	—	√	√

目前对于高固体分环氧涂料通常采用不挥发物体积分数的方法计算，但对于超高固体分环氧涂料和无溶剂涂料，为得到不挥发物体积分数和 VOCs 含量一致性的测试结果，宜采用不挥发物质量分数的方法计算。

高固体分环氧涂料的不挥发物体积分数和 VOCs 含量应同时满足对应分类的要求，方可按其分类定义。

超高固体分环氧涂料和无溶剂环氧涂料的不挥发物质量分数和 VOCs 含量应同时满足对应分类的要求，方可按其分类定义。

注：高固体分环氧涂料的不挥发物质量分数，超高固体分环氧涂料和无溶剂环氧涂料的不挥发物体积分数为选择性测试指标，非强制要求。

5 试验方法

5.1 取样

按 GB/T 3186 规定取样，也可以按商定的方法取样，取样量根据试验需要确定。

5.2 试验环境

产品应在(23±2)℃，相对湿度(50±5)%条件下放置 24 h 后进行性能测试和样板制备。除另有规定外，试板的状态调节和试验的温湿度应符合 GB/T 9278 的规定。

5.3 不挥发物体积分数

按 GB/T 9272—2007 中 7.2.3 板片法的规定进行。其中液体涂料密度的测定按照该标准中所规定的 GB/T 21862.4—2008 压力比重杯法测量。

注：因为高固体分、超高固体分和无溶剂环氧涂料内气泡含量的影响，所以用压力比重杯测试。

5.4 不挥发物质量分数

高固体分环氧涂料、超高固体分环氧涂料和无溶剂环氧涂料的不挥发物质量分数按表 2 的规定进行测试。

表 2 不挥发物质量分数测试方法

编号	分类	测试方法
1	高固体分环氧涂料[a]	将主剂和固化剂按比例混合均匀后立即称量，取样量(2±0.2)g。称量好的试样可在(23±2)℃和环境大气压下放置 1 h，按 GB/T 1725 规定进行测试。试验条件：(105±2)℃/1 h
2	超高固体分环氧涂料	将主剂和固化剂按比例混合均匀后立即称量，称样量为(2±0.2)g。称量好的试样在(23±2)℃和环境大气压下放置 24 h 后，按 GB/T 1725 规定进行测试。试验条件：(105±2)℃/1 h
3	无溶剂环氧涂料	

[a] 如试验样品在加热过程中会发生任何异常分解或降解，经有关方商定后，试样可在(23±2)℃和环境大气压下放置 24 h 后测试。

5.5 挥发性有机化合物含量

按 GB/T 23985—2009 中 8.3 或 GB/T 23986—2009 中 10.3 规定进行。

6 检验规则

6.1 检验项目

6.1.1 产品检验分为出厂检验和型式检验。

6.1.2 型式检验项目包括本标准所列的全部要求，在正常生产的情况下，对于高固体分环氧涂料和超高固体分环氧涂料及无溶剂环氧涂料，表 1 所规定的项目，每两年进行一次。

6.2 检验结果的判定

6.2.1 检验结果的判定按 GB/T 8170—2008 中数值修约值比较法进行。

6.2.2 应检项目的检验结果均达到本标准要求时，则判定该样品符合本标准要求。

7 标志、标签、包装和贮存

7.1 标志

标志应符合 GB/T 9750 的要求。

7.2 标签

涂料包装容器应附有标签，注明产品的标准号、型号、名称、质量、批号、贮存期、生产厂名、厂址及生产日期。

7.3 包装

包装应符合 GB/T 13491—1992 中一级包装的要求。

7.4 贮存

贮存时应保证通风，干燥，防止阳光直接照射并应隔离火源，远离热源。产品应根据类型定出贮存期，并在包装标志上明示。

ICS 87.040
G 51

团　体　标　准

T/CNCIA 01006—2018

水性艺术涂料中有害物质限量

Limit of harmful substances of water based decorative paint

2018-05-15 发布　　2018-08-01 实施

中国涂料工业协会　发布

前　言

本标准按照 GB/T 1.1—2009 给出的规则起草。

本标准由中国涂料工业协会提出并归口。

本标准起草单位：中国涂料工业协会艺术涂料涂装分会、三棵树涂料股份有限公司、河北美墅美家装饰材料有限公司、佛山市顺德区阿迪斯装饰科技有限公司、佛山易涂得装饰材料有限公司、广东嘉宝莉科技材料有限公司、广东巴德士化工有限公司、佛山市南海万磊建筑涂料有限公司、上海霹雳艺术装饰有限公司、深圳市明新经典涂料有限公司、欧亚绿邦（北京）科技有限公司、中山市雄鹿装饰材料有限公司、江门日洋装饰材料有限公司、广东瓦科新材料有限公司、佛山市顺德区好乐涂建材科技有限公司、广东德丽雅新材料有限公司、广东格式装饰文化发展股份有限公司、吉林省铂芙低碳壁材科技有限责任公司、香港杜啦崴集团有限公司、杭州清大纳美新型建筑材料有限公司、中国涂料工业协会。

本标准主要起草人：梁海生、未友国、安康义、邓东良、罗俊君、李金明、陈志通、薛大纬、王志威、赵广全、赵海军、周国飞、王宽又、尹可升、汪松青、李孝基、李红军、罗敏、常朝晖、齐祥昭、李力。

水性艺术涂料中有害物质限量

1 范围

本标准规定了环境友好型水性艺术涂料的术语和定义、产品分类、要求、试验方法、检验规则以及标志、包装和贮存。

本标准适用于以水为溶剂或以水为分散介质的内外墙及涂装工程用艺术涂料。

2 规范性引用文件

下列文件对于本文件的应用是必不可少的。凡是注日期的引用文件,仅注日期的版本适用于本文件。凡是不注日期的引用文件,其最新版本(包括所有的修改单)适用于本文件。

GB/T 3186　色漆、清漆和色漆与清漆用原材料　取样

GB/T 9278　涂料试样状态调节和试验的温湿度

GB/T 8170—2008　数值修约规则与极限数值的表示和判定

GB/T 9750　涂料产品包装标志

GB/T 9754—2007　色漆和清漆　不含金属颜料的色漆漆膜的20°、60°和85°镜面光泽的测定

GB/T 13452.2　色漆和清漆　漆膜厚度的测定

GB/T 13491—1992　涂料产品包装通则

GB/T 18204.2—2014　公共场所卫生检验方法　第2部分:化学污染物

GB 18582—2008　室内装饰装修材料　内墙涂料中有害物质限量

GB/T 23994　与人体接触的消费产品用涂料中特定有害元素限量

GB 24409　汽车涂料中有害物质限量

GB/T 26125—2011　电子电气产品　六种限用物质(铅、汞、镉、六价铬、多溴联苯和多溴二苯醚)的测定

GB/T 30647　涂料中有害元素总含量的测定

JG/T 481—2015　低挥发性有机物(VOC)水性内墙涂覆材料

3 术语和定义

下列术语和定义适用于本文件。

3.1

水性艺术涂料　water based decorative paint

以水性合成及天然树脂乳液或无机胶凝物质等为主要成膜和粘结物质,与颜填料及各类助剂配制而成的,采用各式工具和手法等涂饰工艺,施工于室内外建筑具有装饰美学效果的涂料。

3.2

挥发性有机化合物(VOCs)　volatile organic compounds

在101.3 kPa标准压力下,任何初沸点低于或等于250 ℃的有机化合物。

3.3

挥发性有机化合物含量　volatile organic compounds content

在规定的条件下测得的涂料中存在的挥发性有机化合物的质量。

3.4

总挥发性有机化合物(TVOC)释放量　total volatile organic compounds emission level

在规定的模拟涂料(包括涂层)实际释放环境下,采用吸附管采样,非极性色谱柱分离,保留时间在正己烷至正十六烷之间(包括正己烷和正十六烷)的挥发性有机化合物的质量总和。

4　分类

本标准中涂料产品按表1进行分类。

表1　产品分类

水性艺术涂料			
水性内墙艺术涂料		水性外墙艺术涂料	
薄浆型	厚浆型	薄浆型	厚浆型
干膜厚度≤1 mm	干膜厚度>1 mm	干膜厚度≤1 mm	干膜厚度>1 mm

5　要求

5.1　不得添加的有害物质

产品中不得添加表2中所列举的有害物质。

表2　不得添加的有害物质

中文名称	英文名称	缩写
烷基酚聚氧乙烯醚	Alkyphenolethoxylates	APEO
邻苯二甲酸二异壬酯	Di-iso-nonylphthalate	DINP
邻苯二甲酸二辛酯	Di-n-octylphthalate	DNOP
邻苯二甲酸二(2-乙基己基)酯	Di-(2-ethylhexy)-phthalate	DEHP
邻苯二甲酸二异癸酯	Di-isodecylphthalate	DIDP
邻苯二甲酸丁基苄基酯	Butylbenzylphthalate	BBP
邻苯二甲酸二丁酯	Dibutylphthalate	DBP

5.2　有害物质限量

产品中有害物质限量应符合表3的要求。

表 3　有害物质限量要求

产品种类	水性内墙艺术涂料			水性外墙艺术涂料		
	薄浆型		厚浆型	薄浆型		厚浆型
	光泽[a](60°)≤10 面漆	光泽(60°)>10 面漆		光泽[a](60°)≤10 面漆	光泽(60°)>10 面漆	
挥发性有机化合物(VOCs)/(g/L) ≤	30	70	30	30	80	30
游离甲醛含量/(mg/kg) ≤	40					
限用溶剂含量/(mg/kg)	苯、甲苯、二甲苯、乙苯的总量≤50					
	—			乙二醇醚及其酯类的总量(乙二醇甲醚、乙二醇甲醚醋酸酯、乙二醇乙醚、乙二醇乙醚醋酸酯、二乙二醇丁醚醋酸酯)≤50		
可溶性重金属含量/(mg/kg)	铅≤20 镉≤20 六价铬≤20 汞≤20 锑≤20 砷≤20 钡≤100 硒≤20					

[a] 内墙涂料光泽的测试按 GB/T 9754—2007 规定进行,测试条件为 105 ℃±2 ℃,烘干时间 2 h。

[b] 锑、砷、钡、硒的测定适用于有更高要求的场所,如儿童房及其他儿童相关的场所。

5.3 水性内墙艺术涂料有害物质释放量

水性内墙艺术涂料产品中有害物质释放量应符合表 4 的要求。

表 4　水性内墙艺术涂料有害物质释放量

项目	等级	释放量 mg/m³
总挥发性有机化合物(TVOC)[a]	A[b]	≤4.0
	A+[b]	≤1.0
甲醛[a]	≤0.1	

[a] 符合表 3 规定的产品,才能进行该项目的检测。

[b] 参考 JG/T 481—2015。

6 试验方法

6.1 取样

产品按 GB/T 3186 的规定取样。取样量根据检验需要而定。

6.2 试验环境

试样的状态调节和试验温湿度应符合 GB/T 9278 的要求。

6.3 干膜厚度

按 GB/T 13452.2 的规定进行。

6.4 有害物质含量

6.4.1 有害物质含量

6.4.1.1 挥发性有机化合物(VOCs)

按 GB 18582—2008 中附录 A 和附录 B 的规定进行,涂料产品测试结果的计算按附录 A 中 A.7.2 进行。

6.4.1.2 游离甲醛

按 GB 18582—2008 中附录 A 的规定进行,涂料产品测试结果的计算按 A.7.2 进行。

6.4.1.3 苯、甲苯、二甲苯、乙苯的总量

按 GB 18582—2008 规定进行。

6.4.1.4 乙二醇醚及其酯类的总量

按 GB 24409 规定进行。

6.4.1.5 可溶性重金属

六价铬含量的测定,按 GB/T 26125—2011 中附录 C 的规定进行。

钡含量的测定,按 GB/T 23994 规定进行。

其他重金属含量的测定,按 GB/T 30647 规定进行。

注:对于一般水性艺术涂料产品,只测定铅、六价铬、镉、汞的含量。对于有更高要求的场所,如儿童房及其他儿童相关的场所,需测定可溶性重金属的全部项目。

6.4.2 有害物质释放量

6.4.2.1 总挥发性有机化合物(TVOC)

按 JG/T 481—2015 附录 B 的规定进行。

产品总挥发性有机化合物(TVOC)释放量的检测应在挥发性有机化合物(VOCs)含量测试合格后进行。

6.4.2.2 甲醛

按 GB/T 18204.2—2014 中 7.2 的规定进行。试样制备按 JG/T 481—2015 中 B.3 规定进行，采样量为 10 L。

注：产品中游离甲醛测试合格后，方可进行甲醛释放量的检测。

7 检验规则

7.1 检验分类

产品检验分为出厂检验和型式检验。

7.2 出厂检验

出厂检验的项目按照相应产品标准中规定的方法进行检验，检验合格并签发产品合格证后方可出厂。

7.3 型式检验

型式检验项目包括本标准所列的全部技术要求。

有下列情况之一时应随时进行型式检验：

a) 对产品质量进行全面考核时；

b) 新产品定型鉴定时；

c) 生产配方、工艺、关键原材料来源及产品施工配比有较大改变时；

d) 停产半年或以上又恢复生产时；

e) 正常生产时，每年至少检验一次；

f) 国家质量技术监督机构提出型式检验时。

7.4 检验结果的判定

7.4.1 判定方法

检验结果的判定按 GB/T 8170—2008 中的数值修约值比较法进行。

7.4.2 合格判定

应检项目的检验结果均达到本标准要求时，该试验样品为符合本标准要求。

8 标志、标签、包装和贮存

8.1 标志

标志应符合 GB/T 9750 的要求。如需稀释，应明确稀释剂及稀释比例。

8.2 包装

包装应符合 GB/T 13491—1992 中二级包装的要求。

8.3 运输

产品在运输时应防止雨淋、曝晒。

8.4 贮存

产品贮存时应保证通风、干燥，防止阳光直接照射，冬季时应采取适当防冻措施。产品应根据产品类型分别定出贮存期，并在包装标志上明示。

ICS 87.060
G 52

团 体 标 准

T/CNCIA 01007—2018

涂料用成膜助剂　十二碳醇酯

Coalescing agent for paints—Alcohol ester 12

2018-06-22 发布　　　　2018-09-01 实施

中国涂料工业协会　发布

前　言

本标准按照 GB/T 1.1—2009 给出的规则起草。

本标准由中国涂料工业协会提出并归口。

本标准起草单位：润泰化学股份有限公司、衡水新光新材料科技有限公司、德纳化工滨海有限公司、濮阳宏业高新科技发展有限公司。

本标准主要起草人：张世元、於宁、杨萍、张高锋、王亚洲、陈志勇。

涂料用成膜助剂　十二碳醇酯

1　范围

本标准规定了涂料用成膜助剂十二碳醇酯的要求、试验方法、检验规则、包装、标志、标签、运输、贮存和保质期等要求。

本标准适用于涂料用成膜助剂十二碳醇酯的产品质量检验。该产品主要用于水性涂料中降低成膜物质最低成膜温度。

2　规范性引用文件

下列文件对于本文件的应用是必不可少的。凡是注日期的引用文件，仅注日期的版本适用于本文件。凡是不注日期的引用文件，其最新版本(包括所有的修改单)适用于本文件。

GB/T 614　化学试剂　折光率测定通用方法

GB/T 1668　增塑剂酸值及酸度的测定

GB/T 3143　液体化学产品颜色测定法（Hazen单位——铂-钴色号）

GB/T 4472　化工产品密度、相对密度的测定

GB/T 5206—2015　色漆和清漆　术语和定义

GB/T 6283　化工产品中水分含量的测定　卡尔·费休法(通用方法)

GB/T 6680　液体化工产品采样通则

GB/T 8170—2008　数值修约规则与极限数值的表示和判定

GB/T 9750　涂料产品包装标志

GB/T 13491　涂料产品包装通则

3　术语和定义

下列术语和定义适用于本文件。

3.1

成膜助剂　coalescing agent

添加到以聚合物分散体制备的涂料中，促进成膜的一类添加剂。

[GB/T 5206—2015，定义 2.48]

4　要求

产品的技术指标应符合表1的要求。

表1　产品的技术指标

项目	优等品	合格品
外观	无色透明液体，无机械杂质	

表 1（续）

项目		优等品	合格品
酸值(以 KOH 计)/(mg/g)	≤	0.50	0.50
含量[a]/%	≥	99.0	98.5
色度(铂-钴)号	≤	10	15
水分/%	≤	0.1	0.2
密度(20 ℃)/(g/cm^3)		0.945 0～0.955 0	
折光率(n20/D)		1.441 0～1.443 0	
残留量/%	≤	0.05	
[a] 指不含水的十二碳醇酯的含量，包括同分异构体的总和。			

5 试验方法

5.1 外观

用目测法测定，外观应为“无色透明液体，无机械杂质”。

5.2 酸值

按 GB/T 1668 规定进行。

允许差：取两次平行测定结果的算术平均值为测定结果。两次平行测定结果之差不得大于 10%(95%置信水平)。

5.3 含量

按附录 A 规定进行。

5.4 色度

按照 GB/T 3143 规定进行。采用 50 mL 比色管。

5.5 水分

按 GB/T 6283 规定进行。

允许差：取两次平行测定结果的算术平均值为测定结果。当水分在 0.02%～0.1%范围时，两次平行测定结果的差值应不大于其平均值的 15%；当水分大于 0.1%时，两次平行检测结果的差值应不大于其平均值的 10%(95%置信水平)。

5.6 密度

按 GB/T 4472 规定进行。

允许差：取两次平行测定结果的算术平均值为测定结果，计算结果表示到小数点后 3 位。两次平行测定结果之差不得大于 0.1%(95%置信水平)。

5.7 折光率

按 GB/T 614 规定进行。

允许差:取两次平行测定结果的算术平均值为测定结果,计算结果表示到小数点后3位。两次平行测定结果之差不得大于0.1%(95%置信水平)。

5.8 残留量

按附录B规定进行。

6 检验规则

6.1 检验项目

6.1.1 检验分类

产品检验分为出厂检验和型式检验。

6.1.2 出厂检验

每批产品均应进行出厂检验。检验项目包括外观、酸值、含量、色度、水分。

6.1.3 型式检验

型式检验项目包括本标准所列的全部技术要求,在连续正常生产时每半年检验一次。有下列情况之一时,应随时进行型式检验:

a) 新产品最初定型时;
b) 产品异地生产时;
c) 生产配方、工艺及原材料有较大改变时;
d) 停产3个月又恢复生产时;
e) 客户提出要求时。

6.2 组批和采样

以同等质量的均匀产品为一批,按GB/T 6680规定进行采样。用清洁干燥的取样管伸入包装容器上、中、下均匀取样,取样总量不少于1 000 mL。将采取的样品仔细混匀,分别装于两个清洁干燥的磨口瓶中,用石蜡密封,瓶上粘贴标签。标签应注明:生产厂名称、产品名称、批号、采样日期。一瓶作为分析检验用,一瓶供备查验用。

6.3 检验结果的判定

检验结果的判定按GB/T 8170—2008中修约值比较法进行。

试样的全部技术要求均符合本标准规定时判为批合格,若有一项指标不符合要求时,再取另一份试样进行复验,若仍有一项指标不合格,则判定为批不合格。

6.4 仲裁

当供需双方对产品质量发生异议时,可由双方协商解决。需要仲裁时,仲裁机构由双方商定。仲裁依据本标准规定的试验方法进行。

7 包装、标志、标签、运输、贮存和保质期

7.1 包装

应符合GB/T 13491的要求。

本产品应装入牢固、干燥、清洁、内无机械杂质的包装桶中。包装桶上应在明显的位置标明标志和合格证。标志内容应包括:产品名称、执行标准、商标、等级、生产厂名、厂址、批号、净重、生产日期等。

7.2 标志

应符合 GB/T 9750 的要求。

7.3 标签

每批出厂的产品应附有一定格式的标签,标签内容应包括:产品名称、执行标准、商标、等级、生产厂名、厂址、批号、生产日期等。

7.4 运输

运输时不能靠近火源,搬运时应轻取轻放,防止雨淋日晒。

7.5 贮存

应贮存在干燥、通风、阴凉、避免烈日曝晒并隔绝热源和火源的地方。

7.6 保质期

本产品保质期为一年,保质期内,产品应符合本标准的各项要求。过保质期的产品,经检测合格后,保质期可以顺延 6 个月。

附 录 A
（规范性附录）
十二碳醇酯含量的测定 气相色谱法

分子式：$C_{12}H_{24}O_3$

结构式：

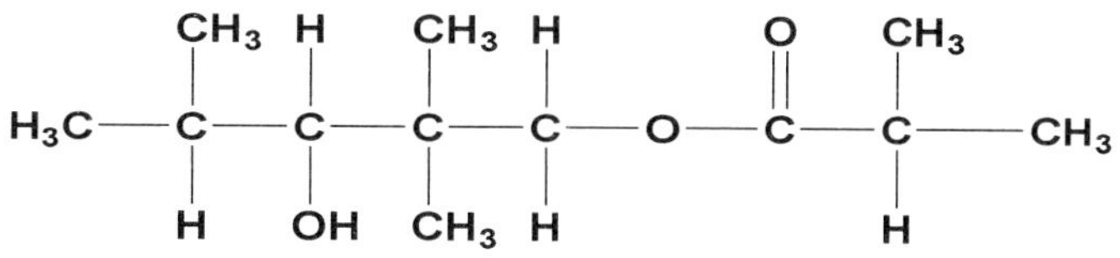

CAS 号：25265-77-4

相对分子质量：216.31（按 2007 年国际相对原子质量）。

A.1 原理

在选定的工作条件下，样品注入气相色谱仪，通过毛细管色谱柱，各组分得以分离，用氢火焰离子化检测器检测，以面积归一法计算结果。

A.2 材料和试剂

A.2.1 载气：氮气，纯度不小于 99.999%。

A.2.2 燃气：氢气，纯度不小于 99.999%。

A.2.3 助燃气：空气。

A.3 仪器设备

气相色谱仪，应具有以下配置：

a） 检测器：氢火焰离子化检测器。

b） 毛细管柱：HP-5 0.32 mm×30 m×0.25 μm。将毛细管柱安装在色谱仪柱箱中，检查密闭性后，在通氮气状态下，自柱温 100 ℃时开始分段老化，升温至 300 ℃，老化 6 h 以上。

c） 进样器：1 μL 微量玻璃注射器。

d） 色谱数据处理工作站：数据处理设定条件符合表 A.1 的要求。

表 A.1 数据处理设定条件

条件	参数
斜率灵敏度	50.00
峰宽	0.040
最小峰面积	1.000
最小峰高	1.000
肩峰	关闭
拖尾峰撇去高度比	5.00

表 A.1（续）

条件	参数
前生峰撇去高度比	5.00
撇去峰/谷比	20.00
峰谷比	500.00

A.4 气相色谱测试条件设置条件、定量参数

按表 A.2 规定的条件进行测试，允许根据不同仪器作适当变动，应得到合适的分离度。

表 A.2 检验条件

项目	条件
柱箱温度/℃	初始温度 140 ℃，保温 5 min 后升至终温 260 ℃，保温 1 min(升温速率 20 ℃/min)
汽化室温度/℃	260
检测器温度/℃	280
柱前压/kPa	60
分流比	60∶1
进样量/μL	0.2

A.5 允许差

取两次平行检测结果的算术平均值为测定结果，计算结果表示到小数点后两位。两次平行测定结果之差不得大于 0.15%(95%置信水平)。

附 录 B
（规范性附录）
十二碳醇酯残留量的测定

B.1 测试方法

在(105±2) ℃的鼓风烘箱内焙烧平底圆盘(直径约 75 mm)15 min,在干燥器内使其冷却至室温,称重 m_0,精度 1 mg。

在圆盘上称量产品的质量 m_1(约 1 g),精度 1 mg。并将样品均匀分布盘面,将其放到(105±2)℃的鼓风烘箱内保持 2 h。

将圆盘移至干燥器冷却到室温,称量 m_2,精度 1 mg。

B.2 计算方法

十二醇酯残留量按式(B.1)计算:

$$W=(m_2-m_0)/m_1\times 100\% \quad \cdots\cdots(B.1)$$

式中:

W ——十二醇酯残留量;

m_0 ——干燥后的平底圆盘质量,单位为克(g);

m_1 ——样品质量,单位为克(g);

m_2 ——样品烘干后和平底圆盘的质量和,单位为克(g)。

ICS 87.010
G 50

团 体 标 准

T/CNCIA 01008—2018

汽车塑料内饰件涂料

Automobile plastic interior parts paint

2018-09-01 发布 2018-12-01 实施

中国涂料工业协会 发布

前　　言

本标准按照 GB/T 1.1—2009 给出的规则起草。

本标准由中国涂料工业协会提出并归口。

本标准起草单位：艾仕得涂料系统（上海）有限公司、苏州吉人高新材料股份有限公司、漳州鑫展旺化工有限公司、中山大桥化工集团有限公司、阿克苏诺贝尔涂料（嘉兴）有限公司、中国涂料工业协会。

本标准主要起草人：朱旭平、闫福成、徐泽孝、何明峰、杨小青、李力、刘云龙、齐祥昭。

汽车塑料内饰件涂料

1 范围

本标准规定了汽车内饰件涂料产品(包括溶剂型和水性涂料)的分类、要求、试验方法、检验规则以及标志、包装和贮存。

本标准适用于溶剂型和水性加热固化型汽车塑料内饰件涂料。各类产品包含并不仅限于单组分、双组分产品。各类涂料按用途可涵盖用于原厂乘用车内饰塑料件涂装的底漆、色漆以及清漆等涂料。

2 规范性引用文件

下列文件对于本文件的应用是必不可少的。凡是注日期的引用文件,仅注日期的版本适用于本文件。凡是不注日期的引用文件,其最新版本(包括所有的修改单)适用于本文件。

GB/T 1725 色漆、清漆和塑料 不挥发物含量的测定

GB/T 1728—1979 漆膜、腻子膜干燥时间测定法

GB/T 1733 漆膜耐水性测定法

GB/T 1740 漆膜耐湿热性测定法

GB/T 3186 色漆、清漆和色漆与清漆用原材料 取样

GB/T 6753.3 涂料贮存稳定性试验方法

GB/T 8170—2008 数值修约规则与极限数值的表示和判定

GB/T 9278 涂料试样状态调节和试验的温湿度

GB/T 9286 色漆和清漆 漆膜的划格试验

GB/T 13452.2 色漆和清漆 漆膜厚度的测定

GB/T 13491—1992 涂料产品包装通则

GB 24409 汽车涂料中有害物质限量

ISO 6504-3:1998 涂料测试方法 第3部分:以固定的涂布率测定浅色涂料的对比度[Paints and varnishes—Determination of hiding power—Part 3: Determination of contrast ratio (opacity) of light-coloured paints at a fixed spreading rate]

SAE J1756 汽车内饰件的雾化特性(重量法或光度法)[Fogging Characteristics of Interior Automotive Materials (Gravimetric or Photometric)]

SAE J2412 汽车内饰件氙灯加速老化测试方法(Accelerated Exposure of Automotive Interior Trim Components Using a Controlled Irradiance Xenon-Arc Apparatus)

VDA 270 汽车内饰材料气味特性的测定(Determination of the odour characteristics of trim materials in motor vehicles)

3 术语和定义

下列术语和定义适用于本文件。

3.1

汽车内饰件涂料 automobile interior parts paint

涂覆于汽车座舱内部塑料件表面的涂料。

3.2

底漆 primer

附着于裸露基材表面，起防护和提高附着力作用的涂料。

3.3

实色漆 solid basecoat

不含金属、珠光等效应颜料的色漆。

3.4

效应颜料漆 metallic basecoat

含金属、珠光等效应颜料的色漆。

3.5

本色面漆 solid color paints without clearcoat

表面不需涂装罩光清漆的实色漆。

3.6

罩光清漆 clearcoat

施工于底色漆和面漆及基材之上形成保护装饰涂层的清漆。

4 分类

由于汽车塑料内饰涂料的复杂性以及划分标准的多元性，为了尽量全面的涵盖汽车塑料内饰件涂料，根据固化方式不同，将汽车塑料内饰件涂料分为加热固化涂料与辐射固化涂料，其中加热固化涂料又分为溶剂型加热固化涂料与水性加热固化涂料。根据用途的不同，将汽车塑料内饰件涂料分为底漆、色漆（包括实色漆，效应颜料漆，本色面漆）与清漆。

注：该标准包含并不仅限于以上分类，各类产品分支包含并不仅限于单组分、双组分产品。

5 要求

5.1 有害物质限量

产品中有害物质限量应满足表1的要求。

表1 有害物质限量

项目	有害物质	有害物质限量
可溶性重金属含量/(mg/kg) ≤	铅	90
	汞	60
	镉	75
	六价铬	60
有机化合物含量/% ≤	多溴联苯(PBB)	0.1
	多溴二苯醚(PBDE)	0.1
	邻苯二甲酸二(α-乙基己酯)	0.1
	邻苯二甲酸苄丁酯	0.1
	邻苯二甲酸二丁酯	0.1

表 1（续）

项目		有害物质	有害物质限量
有机化合物含量/%	≤	邻苯二甲酸二异丁酯	0.1
		苯	0.1
		乙二醇甲醚、乙二醇乙醚、乙二醇甲醚醋酸酯、乙二醇乙醚醋酸酯、二乙二醇丁醚醋酸酯总量	0.03

5.2 VOCs 含量

汽车内饰涂料产品 VOCs 含量的推荐限值应满足表 2 的要求。

表 2 汽车内饰涂料产品 VOCs 推荐限值

涂料品种				VOCs 含量/(g/L) ≤
溶剂型涂料	热塑型	底漆		750
		色漆、清漆		770
	热固型	色漆	效应颜料漆、实色漆	750
		面漆	罩光清漆	560
			本色面漆	630
水性涂料[a]			实色漆	200
			金属漆	300

[a] 水性涂料 VOCs 测试不扣水。

5.3 性能

汽车塑料内饰件涂料产品的性能应满足表 3 的要求。

表 3 产品性能

检测项目		溶剂型涂料			水性涂料		
		底漆	色漆	清漆	底漆	色漆	清漆
在容器中的状态		搅拌混合后无硬块，呈均匀状态					
原漆固体份/%	≥	25	22	45	25	20	—
遮盖力/μm		—	效应颜料漆≤25 实色漆≤35	—	—	≤45	—
贮存稳定性[(50±2)℃,7 d]		无异常(无结块)，允许容器底部有沉淀，经搅拌易于混合均匀					
漆膜干燥时间/min		35±5					
涂膜外观		无缺陷					
划格试验	总膜厚≤60 μm，1 mm 划格间距	0 级					
	总膜厚 60 μm～120 μm，2 mm 划格间距	1 级					

表 3（续）

检测项目	溶剂型涂料			水性涂料		
	底漆	色漆	清漆	底漆	色漆	清漆
耐刮擦试验	上层漆膜无磨穿					
耐清洁剂和混合汗液试验	无明显色调，光泽度和漆层的改变					
耐水性(96 h)	附着力≤1 级，无起泡，无外观变化					
耐湿热 (240 h)	附着力≤1 级，无起泡，无外观变化					
气味测试	≤3.5					
雾性特征	雾化指数≥70					
氙灯老化测试	无粉化，开裂，剥落及触感变化，ΔE<1.9，附着力≤1 级，光泽变化<30%					
注：划格试验、耐刮擦试验，耐清洁剂和混合汗液，耐水性，耐湿热，气味测试，雾性特征和耐人工气候老化性是对复合涂层的要求。						

6 试验方法

6.1 取样

按 GB/T 3186 规定取样，也可按照商定的方法取样。取样量根据检验需要确定。

6.2 试验环境

除另有规定，制备好的样板应在 GB/T 9278 规定的条件下放置规定的时间后，按有关检验方法进行性能测试。所用试剂均为化学纯以上，所用水均为符合 GB/T 6682 规定的三级水，试验用溶液在试验前预先调整到试验温度。

6.3 试验样板的制备

6.3.1 底材及底材处理

测试使用的基材及前处理方法按客户要求进行。

6.3.2 制板要求

当涂料供应商对其配套体系涂料品种、涂装道数、涂装间隔时间、涂层干膜厚度等有特殊要求时，按其要求制备试板。涂层厚度的测定按 GB/T 13452.2 规定进行。

6.3.3 试验样件的准备

样板尺寸：150 mm×100 mm；

样件尺寸：以零件实际尺寸为准。

喷涂完的样板在测试前需在 GB/T 9278 规定的条件下放置 7 d，或 60 ℃放置 72 h 老化。测试前在温度(23±2)℃、相对湿度(50±5)%条件下放置 24 h。

6.4 性能测试

6.4.1 有害物质限量

可溶性重金属以及有机化合物含量按 GB 24409 规定进行。

6.4.2 VOCs 含量

VOCs 含量按 GB 24409 规定进行。

6.4.3 涂料性能试验

6.4.3.1 在容器中的状态

按 GB/T 9278 规定，调节样品的状态，允许容器底部有沉淀，若经搅拌易于混合均匀，则评为“搅拌后均匀无硬块”。

6.4.3.2 原漆固体分

按 GB/T 1725 规定进行。

6.4.3.3 遮盖力

按 ISO 6504-3：1998 规定进行。

6.4.3.4 贮存稳定性

按 GB/T 6753.3 规定进行。将 0.4 L～0.8 L 的样品装入合适的容器中，瓶内留有约 10％的空间，密封后放入(50±2)℃恒温干燥箱中，7 d 后取出在(23±2)℃下放置 3 h，按 6.4.3.1 检查“在容器中状态”，如果贮存后油漆的沉降程度与贮存前无明显差异，则评为“无异常”。

6.4.3.5 漆膜干燥时间

按 GB/T 1728—1979 规定进行。烘干温度(80±5)℃，表干时间按乙法的规定进行，实干时间按甲法的规定进行。

6.4.3.6 涂膜外观

漆膜颜色应符合设计或合同要求，表面色调应均匀一致，无颗粒、针孔、气泡、皱纹等瑕疵。

6.4.3.7 划格试验

按 GB/T 9286 规定进行。

6.4.3.8 耐刮擦试验

以 1 mm 针头施加 13 N 压力或 0.75 mm 针头施加 10N 压力，以 100 mm/s 的速度进行刮擦，上层漆膜应无磨穿。

6.4.3.9 耐清洁剂和混合汗液试验

耐清洁剂和混合汗液试验介质如表 4 所示。

用移液管在漆膜表面滴 0.1 mL 液滴，在空气中静置 10 min 后，在 60 ℃循环空气中干燥 30 min。24 h后对漆膜表面状态进行检查。漆膜无明显色调、光泽度和表层的改变，或漆膜光亮度有一定改变，用湿布能够抹去表面痕迹时判定为合格。

表 4　耐清洁剂和混合汗液试验介质

介质	配制方法
清洁剂	体积比为 0.5%的表面活性剂(如洗洁精)
人造汗液(碱性)	一水氯化氢组氨酸($C_6H_9O_2N_3 \cdot HCl \cdot H_2O$) 0.5g/L 氯化钠(NaCl) 5 g/L 十二水磷酸氢二钠($Na_2HPO_4 \cdot 12H_2O$) 5 g/L 或 二水磷酸氢二钠($Na_2HPO_4 \cdot 12H_2O$) 2.5 g/L 用 0.1M 的氢氧化钠溶液调节 pH 值至 8 或 0.036%(质量分数)氨水和 0.5%(质量分数)氯化钠
人造汗液(酸性)	一水氯化钠组氨酸($C_6H_9O_2N_3 \cdot HCl \cdot H_2O$) 0.5 g/L 氯化钠(NaCl) 5.0 g/L 二水磷酸钠($NaH_2PO_4 \cdot 2H_2O$) 2.2 g/L 用 0.1 M 的氢氧化钠溶液调节 pH 值至 5.5 或 7.5 ml 无水乙酸(CH_3COOH)加蒸馏水至 1 L
人造汗液(氯化钠溶液)	30 g/L 氯化钠

6.4.3.10　耐水性

按 GB/T 1733 规定进行。试样浸泡 96 h。试样取出后在 30 min 内,按 GB/T 9286 规定测试附着力。附着力≤1 级,无剥落、分层、起泡、开裂或龟裂现象,则判定为合格。

6.4.3.11　耐湿热

按 GB/T 1740 规定进行。样件浸泡 96 h。试样取出后在 30 min 内,按 GB/T 9286 规定测试附着力。附着力≤1 级,无剥落、分层、起泡、开裂或龟裂现象,则判定为合格。

6.4.3.12　气味测试

按 VDA 270 规定进行。

6.4.3.13　雾性特征

按 SAE J1756 规定进行。在符合 SAE J1756 要求的加热箱中,100 ℃加热 3 h 后,将玻璃片放置在温度(21±2)℃,相对湿度(50±5)%的大气环境中,4 h 后用分光光度计进行测试。

6.4.3.14　人工气候氙灯老化

按 SAE J2412 规定进行,总能量 1 240 kJ。按 GB/T 1766 的规定对涂层老化性能进行评级。

7 检验规则

7.1 检验分类

7.1.1 产品检验分为出厂检验和型式检验。

7.1.2 出厂检验项目包括在容器中的状态、密度和原漆固体分。

7.1.3 型式检验项目包括本标准所列的全部技术要求。

有下列情况之一时应随时进行型式检验：

——新产品最初定型时；

——产品异地生产时；

——生产配方、工艺、关键原材料来源及产品施工配比有较大改变时。

在正常生产情况下，除人工气候氙灯老化测试项目外，其他项目每年至少检验一次。

人工气候氙灯老化测试在产品首次型式检验时进行。

7.2 检验结果的判定

7.2.1 判定方法

检验结果的判定按 GB/T 8170—2008 中数值修约值比较法进行。

7.2.2 合格判定

应检项目的检验结果均达到本标准要求时，该试验样品为符合本标准要求。

8 标志、包装和贮存

8.1 标志

产品的标志应符合 GB/T 9750 的要求。

8.2 包装

溶剂型涂料产品，应符合 GB/T 13491—1992 中一级包装的要求。

水性涂料产品，应符合 GB/T 13491—1992 中二级包装的要求。

8.3 贮存

产品贮存时应保证通风、干燥，防止日光直接照射并应隔绝火源，远离热源。产品应确定贮存期，并在包装标志上明示。

水性涂料产品冬季应采取适当防冻措施。产品应根据乳液类型确定贮存期，并在包装标志上明示。

ICS 87.040
G 51

团 体 标 准

T/CNCIA 01009—2018

商用车辆低VOCs低温烘烤涂料

Low bake commercial vehicle low VOCs paint

2018-09-01 发布 2018-12-01 实施

中国涂料工业协会 发 布

前　言

本标准按照 GB/T 1.1—2009 给出的规则起草。

本标准由中国涂料工业协会提出并归口。

本标准起草单位：艾仕得涂料系统（上海）有限公司、PPG 涂料（天津）有限公司、立邦涂料（中国）有限公司、苏州吉人高新材料股份有限公司、湖南湘江关西涂料有限公司、阿克苏诺贝尔涂料（常州）有限公司、漳州鑫展旺化工有限公司、中山大桥化工集团有限公司、中国涂料工业协会。

本标准主要起草人：王珊珊、曾宇、叶庆峰、果建军、徐泽孝、黄鹂、骆勇、何明峰、杨小青、李力、齐祥昭。

商用车辆低 VOCs 低温烘烤涂料

1 范围

本标准规定了商用车用低 VOCs 低温烘烤涂料(含溶剂型高固体分涂料和水性涂料产品)的术语和定义、分类、要求、试验方法、检验规则及标志、标签、包装和贮存。

本标准适用于商用车辆、挂车、汽车列车低 VOCs 低温烘烤涂料。

2 规范性引用文件

下列文件对于本文件的应用是必不可少的。凡是注日期的引用文件,仅注日期的版本适用于本文件。凡是不注日期的引用文件,其最新版本(包括所有的修改单)适用于本文件。

GB/T 1725 色漆、清漆和塑料 不挥发物含量的测定

GB/T 1728—1979 漆膜、腻子膜干燥时间测定法

GB/T 1732 漆膜耐冲击性测定法

GB/T 1740 漆膜耐湿热测定法

GB/T 1770 涂膜、腻子膜打磨性测定法

GB/T 1771 色漆和清漆 耐中性盐雾性能的测定

GB/T 1865 色漆和清漆 人工气候老化和人工辐射曝露 滤过的氙弧辐射

GB/T 3186 色漆、清漆和色漆与清漆用原材料 取样

GB/T 3730.1—2001 汽车和挂车类型的术语和定义

GB/T 5209 色漆和清漆耐水性的测定 浸水法

GB/T 6682 分析试验室用水规格和试验方法

GB/T 6739 色漆和清漆 铅笔法测定漆膜硬度

GB/T 8170—2008 数值修约规则与极限数值的表示和判定

GB/T 9271 色漆和清漆 标准试板

GB/T 9274—1988 色漆和清漆 耐液体介质的测定

GB/T 9278 涂料试样状态调节和试验的温湿度

GB/T 9286 色漆和清漆 漆膜的划格试验

GB/T 9750 涂料产品包装标志

GB/T 9753 色漆和清漆 杯突试验

GB/T 9754 色漆和清漆 不含金属颜料的色漆漆膜的 20°、60°和 85°镜面光泽的测定

GB 11121 汽油机油

GB/T 13452.2 色漆和清漆 漆膜厚度的测定

GB/T 13491—1992 涂料产品包装通则

GB 17930 车用汽油

GB/T 23985—2009 色漆和清漆 挥发性有机化合物(VOC)含量的测定 差值法

GB/T 23986—2009 色漆和清漆 挥发性有机化合物(VOC)含量的测定 气相色谱法

HG/T 3857—2006 绝缘漆漆膜耐油性测定法

3 术语和定义

下列术语和定义适用于本文件。

3.1

商用车辆　commercial vehicle

在设计和技术特性上用于运送人员和货物的汽车，并且可以牵引挂车。

[GB/T 3730.1—2001，定义 2.1.2]

3.2

挂车　trailer

就其设计和技术特性需由汽车牵引，才能正常使用的一种无动力的道路车辆，用于：

——载运人员和/或货物；

——特殊用途。

[GB/T 3730.1—2001，定义 2.2]

3.3

汽车列车　combination vehicles

一辆汽车与一辆或多辆挂车的组合。

[GB/T 3730.1—2001，定义 2.3]

3.4

底漆　primer

附着于裸露基材表面，起到防护作用和增加附着作用的涂料。

3.5

底色漆　basecoat

表面需涂装清漆的色漆。

3.6

本色面漆　topcoat(without clearcoat)

表面可不需涂装清漆的实色漆。

3.7

中涂漆　primer surfacer

多层涂装时，施涂于底涂层和面涂层之间的涂料。

3.8

清漆　clearcoat

涂于底色漆或本色面漆之上形成保护装饰涂层的清漆。

3.9

原漆固体分　package solid content

供货状态下的涂料主剂的重量固体分。

3.10

施工固体分　ready-to-use solid content

涂料在施工应用状态下的重量固体分。

4 分类

产品按溶剂类型可分为溶剂型高固体分涂料和水性涂料。每一类涂料按用途又分为底漆、中涂漆、面漆。其中面漆分为本色面漆、底色漆和清漆。

5 要求

5.1 溶剂型高固体分涂料

溶剂型高固体分涂料应满足表1中的要求。

表1 溶剂型高固体分涂料性能要求

项 目	底漆	中涂漆	本色面漆	面漆	
				底色漆	清漆
在容器中状态	搅拌后均匀无硬块				
原漆固体分/% ≥	70	70	白色:70 其他颜色:55	白色:50 其他颜色商定	55
施工固体分/% ≥	65	70	白色:60 其他颜色:50	白色:50 其他颜色商定	55
VOCs 含量(施工状态)/(g/L) ≤	380	420	420	420	420
遮盖力/μm	—	—	白色≤55 深色≤45 红黄色商定	—	—
贮存稳定性[(50±2)℃,7 d]	无异常				
烘干条件(工件温度)	(80±5)℃,(35±5)min				
涂膜外观(复合涂层)	漆膜平整丰满、光滑,无缩孔、气泡等缺陷				
打磨性(20次)	易打磨		—		
划格试验(基材与底漆)/级 ≤	1	—			
划格试验(复合涂层)/级 ≤	1				
铅笔硬度 ≥	H		HB		
耐冲击性/(kg·cm) ≥	50				
杯突试验(复合涂层)/mm ≥	3				
光泽/单位值(复合涂层) ≥	面漆:90(60°),色漆/清漆:88(20°)				
鲜映性/DOI值(复合涂层) ≥	面漆:83,底色漆/清漆:80(特殊颜色双方商定)				
耐酸性(复合涂层) (0.05mol/L H_2SO_4,24 h)	无异常				
耐碱性(复合涂层) (0.1 moL/L NaOH,24 h)	无异常				
耐油性(复合涂层) (SE 机油,48 h)	无异常				
耐汽油性(复合涂层) [92#(或93#)汽油,24 h]	无异常				
耐盐雾性/h ≥	500	—			
耐湿热性(复合涂层)/级(240 h)≤	1				

表 1（续）

项 目	底漆	中涂漆	本色面漆	面漆	
				底色漆	清漆
耐水性(复合涂层)(240 h)	无异常				
耐人工气候氙灯 (复合涂层)(1 000 h)	无粉化、起泡、龟裂、生锈、脱落现象，变色≤1 级，失光≤1 级				

5.2 水性涂料

水性涂料应满足表 2 中的要求。

表 2 水性涂料性能要求

项 目	底漆	中涂漆	本色面漆	面漆	
				底色漆	清漆
在容器中状态	搅拌后均匀无硬块				
原漆固体分/% ≥	65	60	白色:50 黑色:30 其他颜色:40	15	—
施工固体分/% ≥	50	55	白色:50 其他颜色:40	15	—
VOCs 含量(施工状态)/(g/L) ≤	200	200	350	420	—
遮盖力/μm	—	—	白色≤55 深色≤45 红黄色商定	—	—
贮存稳定性[(50±2)℃,7 d]	无异常				
烘干条件(工件温度)/℃ [(35±5)min]	(80±5)				
涂膜外观(复合涂层)	漆膜平整丰满、光滑，无缩孔、气泡等缺陷				
打磨性(20 次)	易打磨		—		
划格试验(底漆与基材)/级 ≤	1	—			
划格试验(复合涂层)/级	1				
铅笔硬度 ≥	H		HB		
耐冲击性/(kg·cm) ≥	50				
杯突试验(复合涂层)/mm ≥	3				
光泽/单位值(复合涂层)	面漆≥90(60°)，底色漆/清漆≥ 88(20°)				
鲜映性/DOI 值(复合涂层)	面漆≥83，底色漆/清漆≥ 80(特殊颜色双方商定)				
耐酸性(复合涂层) (0.05 mol/L H_2SO_4,24 h)	24 h 无异常				

表 2（续）

<table>
<tr><th rowspan="2">项 目</th><th rowspan="2">底漆</th><th rowspan="2">中涂漆</th><th rowspan="2">本色面漆</th><th colspan="2">面漆</th></tr>
<tr><th>底色漆</th><th>清漆</th></tr>
<tr><td>耐碱性(复合涂层)
(0.1 mol/L NaOH,24 h)</td><td colspan="5">无异常</td></tr>
<tr><td>耐油性(复合涂层)
(SE 机油,24 h)</td><td colspan="5">无异常</td></tr>
<tr><td>耐汽油性(复合涂层)
[92#(或 93#)汽油,24 h]</td><td colspan="5">无异常</td></tr>
<tr><td>耐盐雾性/h ≥</td><td>500</td><td colspan="4">—</td></tr>
<tr><td>耐湿热性（复合涂层)/级(168 h) ≤</td><td colspan="5">1</td></tr>
<tr><td>耐水性测试(复合涂层)(120 h)</td><td colspan="5">无异常</td></tr>
<tr><td>耐人工气候氙灯
(复合涂层)(1 000 h)</td><td colspan="5">无粉化、起泡、龟裂、生锈、脱落现象，变色≤1 级，失光≤1 级</td></tr>
</table>

6 试验方法

6.1 取样

按 GB/T 3186 规定取样，也可按商定方法取样。取样量根据检验需要确定。

6.2 试验环境

按 GB/T 9278 规定进行。

6.3 试验样板的制备

6.3.1 底材及底材处理

玻璃板、马口铁板和钢板的要求和处理方法按 GB/T 9271 规定，如有其他要求，按双方商定进行。

6.3.2 制板要求

样板的制备按表 3 的要求进行。涂层厚度的测定按 GB/T 13452.2 规定进行。涂层实干后在(23±2)℃下养护 7 d 后进行性能测试。

表 3 制板要求

检测项目	底材类型	底材尺寸/mm	漆膜厚度/μm	涂装要求
烘干条件	马口铁板	120×50×(0.2～0.3)	23±3	充分打磨、清洁后喷涂
遮盖力	马口铁板	120×50×(0.2～0.3)	23±3	清洁后喷涂
涂膜外观	钢板	150×70×(0.45～0.55)	底漆 40～80 中涂 40～60 面漆 40～80	充分打磨、清洁后喷涂，底漆用 P240 号干磨砂纸打磨、清洁后喷涂中涂，中涂用 P600 号干磨砂纸打磨后喷涂面漆

表 3（续）

检测项目	底材类型	底材尺寸/mm	漆膜厚度/μm	涂装要求
打磨性	钢板	150×70×(0.45～0.55)	底漆 40～80 中涂 40～60 面漆 40～60	充分打磨、清洁后喷涂
划格试验	钢板	150×70×(0.45～0.55)	底漆 40～－80 中涂 40～60 面漆 40～80	充分打磨、清洁后喷涂，底漆用 P240 号干磨砂纸打磨后、清洁后喷涂中涂，中涂用 P600 号干磨砂纸打磨后喷涂面漆
铅笔硬度	马口铁板	120×50×(0.2～0.3)	23±3	充分打磨、清洁后喷涂
耐冲击性	马口铁板	120×50×(0.2～0.3)	23±3	充分打磨、清洁后喷涂检测涂层
杯突试验	马口铁板	120×50×(0.2～0.3)	底漆 40～80 中涂 40～60 面漆 40～80	充分打磨、清洁后喷涂，底漆用 P240 号干磨砂纸打磨后、清洁后喷涂中涂，中涂用 P600 号干磨砂纸打磨后喷涂面漆
光泽	钢板	150×70×(0.45～0.55)	底漆 40～80 中涂 40～60 面漆 40～80	充分打磨、清洁后喷涂，底漆用 P240 号干磨砂纸打磨后、清洁后喷涂中涂，中涂用 P600 号干磨砂纸打磨后喷涂面漆
鲜映性	钢板	150×70×(0.45～0.55)	底漆 40～80 中涂 40～60 面漆 40～80	充分打磨、清洁后喷涂，底漆用 P240 号干磨砂纸打磨后、清洁后喷涂中涂，中涂用 P600 号干磨砂纸打磨后喷涂面漆
耐酸性	钢板	150×70×(0.45～0.55)	底漆 40～80 中涂 40～60 面漆 40～80	充分打磨、清洁后喷涂
耐碱性	钢板	150×70×(0.45～0.55)	底漆 40～80 中涂 40～60 面漆 40～80	充分打磨、清洁后喷涂
耐油性	钢板	150×70×(0.45～0.55)	底漆 40～80 中涂 40～60 面漆 40～80	充分打磨、清洁后喷涂
耐汽油性	钢板	150×70×(0.45～0.55)	底漆 40～80 中涂 40～60 面漆 40～80	充分打磨、清洁后喷涂
耐盐雾性	3 mm 冷轧钢板[d]	150×70×(2.0～3.0)	底漆 60～80	充分清洁并冲砂后喷涂底漆
耐湿热性	钢板	150×70×(0.45～0.55)	底漆 40～80 中涂 40～60 面漆 40～80	充分打磨、清洁后喷涂
耐水性	钢板	150×70×(0.45～0.55)	底漆 40～80 中涂 40～60 面漆 40～80	充分打磨、清洁后喷涂
耐人工 气候氙灯	铝板	150×70×(0.45～0.55)	底漆 40～80 中涂 40～60 面漆 40～80	充分打磨、清洁后喷涂
注：对检测结果有争议时，底材选用邦德板进行测试。				

6.4 操作方法

6.4.1 一般规定

所用试剂均为化学纯以上，所用水均为符合 GB/T 6682 规定的三级水，试验用溶液在试验前预先调整到试验温度。

6.4.2 在容器中状态

打开容器，用调刀或搅棒搅拌，允许容器底部有沉淀，经搅拌易于混合均匀，则评为“无硬块，搅拌后呈均匀状态”。

6.4.3 原漆固体分与施工固体分

按 GB/T 1725 规定测试原漆固体分和施工固体分。取样量(1±0.1)g，加热温度 125 ℃，加热时间 60 min。

6.4.4 VOCs 含量

水性涂料按 GB/T 23986—2009 规定进行，结果按照 GB/T 23986—2009 中 10.4 的方法 3 计算。

溶剂型高固体分涂料按 GB/T 23985—2009 规定进行，结果按照 GB/T 23985—2009 中 8.4 的方法 1 计算。

6.4.5 遮盖力

遮盖力测试按如下方法进行：

a) 备测样品均匀递增的喷涂在贴有黑白格纸的试板上，通过调节喷涂道数、走枪速度等条件做到膜厚从试板的一端开始均匀的递增，要求约在试板的 2/3 处的漆膜能将黑白格完全遮盖(注意控制样品的干湿程度，太干或太湿将会影响最终结果)。
b) 将涂料按照要求干燥，干燥后在标准灯箱 D65 光源下，目视距离试板约 30 cm 处观察。
c) 刚刚达到不能区分黑白格的点即为遮盖，用 GB/T 13452.2 的方法测定此点的膜厚，即为遮盖力值。

6.4.6 贮存稳定性

将 0.4 L～0.8 L 的样品装入合适的容器中，瓶内留有约 10%的空间，密封后放入(50±2) ℃恒温干燥箱中，7 d 后取出在(23±2)℃下放置 3 h，按 6.4.2 检查“容器中状态”，无明显差异，则评为“无异常”。

6.4.7 烘干条件

按 GB/T 1728—1979 中甲法“压滤纸法”的规定进行。

6.4.8 涂膜外观

样板在散射日光下目视观察，涂膜应均匀，无流挂、发花、针孔、开裂和剥落等涂膜病态。则评为“漆膜平整丰满、光滑，无缩孔、气泡等缺陷”。

6.4.9 打磨性

按 GB/T 1770 规定进行。底漆选用 P240 号砂纸，中涂选用 P400 号砂纸，面漆选用 P400 号砂纸进行干磨。出粉良好，则评为“易打磨”。

6.4.10 划格试验

按 GB/T 9286 规定进行。

6.4.11 铅笔硬度

按 GB/T 6739 规定进行。

6.4.12 耐冲击性

按 GB/T 1732 规定进行。

6.4.13 杯突试验

按 GB/T 9753 规定进行。

6.4.14 光泽

按 GB/T 9754 规定进行。

6.4.15 鲜映性

重复测试 5 次,取算数平均值作为结果。

6.4.16 耐酸性

按 GB/T 9274—1988 中甲法规定进行。取出后用清水清洗擦净,室温下恢复 2 h 后在散射日光下目视观察,3 块试板中有 2 块未出现起泡、生锈、剥落等涂膜病态现象,则评为"无异常"。允许出现轻微变色和轻微光泽变化。

6.4.17 耐碱性

按 GB/T 9274—1988 中甲法规定进行。取出后用清水清洗擦净,室温下恢复 2 h 后在散射日光下目视观察,3 块试板中有 2 块未出现起泡、生锈、剥落等涂膜病态现象,则评为"无异常"。允许出现轻微变色和轻微光泽变化。

6.4.18 耐油性

按 GB/T 9274—1988 中甲法规定进行。浸入符合 GB 11121 规定的 SE 15W-40 机油中。取出后用清水清洗擦净,室温下恢复 2h 后在散射日光下目视观察,3 块试板中有 2 块未出现起泡、生锈、剥落等涂膜病态现象,则评为"无异常"。允许出现轻微变色和轻微光泽变化。经商定也可选用其他型号的汽油机油。

6.4.19 耐汽油性

按 HG/T 3857—2006 中乙法规定进行。在漆膜表面覆盖纱布,滴落符合 GB 17930 规定的 92#(或 93#)汽油。取出后擦净,室温下恢复 0.5 h 后在散射日光下目视观察,3 块试板中有 2 块未出现起泡、生锈、剥落等涂膜病态现象则评为"无异常"。允许出现轻微变色和轻微光泽变化。经商定也可选用其他型号的车用汽油。

6.4.20 耐盐雾性

按 GB/T 1771 规定进行。使用符合 GB/T 9286 要求的单刃切割器划一条平行于长边的直线,经盐雾试验后,划痕处单相扩蚀≤2.0 mm,未划痕区无起泡、生锈、开裂、剥落等现象。

6.4.21 耐湿热性

按 GB/T 1740 规定进行。

6.4.22 耐水性

按 GB/T 5209 规定进行。样板取出后擦净，在散射日光下目视观察，3 块试板中有 2 块未出现起泡、生锈、剥落等涂膜病态现象，则评为“无异常”。允许出现轻微变色和轻微光泽变化。

6.4.23 耐人工气候老化性

按 GB/T 1865 规定进行。

7 检验规则

7.1 检验分类

产品检验分为出厂检验和型式检验。

7.2 检验项目

7.2.1 出厂检验项目由供需双方协商规定。

7.2.2 型式检验项目包括本标准所列的全部技术要求。在正常生产情况下检验频次由供需双方商定。

7.3 检验结果的判定

7.3.1 检验结果的判定按 GB/T 8170—2008 中数值修约值比较法进行。

7.3.2 应检项目的检验结果均达到本标准要求时，该试验样品为符合本标准要求。

8 标志、标签、包装和贮存

8.1 标志

产品的标志应符合 GB/T 9750 的要求。

8.2 标签

涂料包装容器应附有标签，注明 VOCs 含量(施工状态下)、产品的标准编号、型号、名称、质量、批号、贮存期、生产厂名、厂址及生产日期。

8.3 包装

产品的包装应符合 GB/T 13491—1992 中一级包装的要求。

8.4 贮存

产品贮存时应保证通风、干燥、避光，防止日光直接照射并应隔绝火源，远离热源。产品应根据类型定出贮存期，并在包装标志上明示。水性涂料的储存条件应符合厂家要求。

ICS 87.010
G 50

团　体　标　准

T/CNCIA 02001—2017

绿色设计产品评价技术规范 水性建筑涂料

Technical specification for green-design product assessment—
Waterborne architectural coating materials

2017-10-12 发布　　　　2018-01-11 实施

中国涂料工业协会　发布

前　言

本标准按照 GB/T 1.1—2009 给出的规则起草。

本标准由中国涂料工业协会提出并归口。

本标准起草单位：中国涂料工业协会、中国化工环保协会、嘉宝莉化工集团股份有限公司、河北晨阳工贸集团有限公司、三棵树涂料股份有限公司、湖南湘江涂料集团有限公司、立邦涂料（中国）有限公司、佛山市顺德区巴德富实业有限公司、霍夫曼（天津）国际贸易有限公司、富思特新材料科技发展股份有限公司、广东巴德士化工有限公司、庞贝捷涂料（上海）有限公司、广东美涂士建材股份有限公司、优美特（北京）环境材料科技股份公司、山西亮龙涂料有限公司、美巢集团股份公司、摩马斯特（北京）装饰材料有限公司、浙江厦光涂料有限公司、广东千色花化工有限公司、润泰化学股份有限公司、山东乐化漆业股份有限公司、浙江天女集团制漆有限公司、塞拉尼斯（中国）投资有限公司、阿克苏诺贝尔太古漆油（上海）有限公司、陶氏化学（中国）投资有限公司。

本标准起草人：马军、齐祥昭、刘杰、庄相宁、吴刚、陈荣华、叶彩平、胡中源、罗启涛、刘军、唐磊、麦宗能、王新夫、赵雅文、余小伍、林涛、李淑燕、张建森、张保君、刘凤仙、梁海生、周显亮、李江宁、於宁、沈孝忠、王炳华、杜金杰、陈玲、南璇。

绿色设计产品评价技术规范
水性建筑涂料

1 范围

本标准规定了水性建筑涂料绿色设计产品的术语和定义、要求、产品生命周期评价方法及评价报告编制方、评价结论。

本标准适用于合成树脂乳液内墙涂料、合成树脂乳液外墙涂料绿色设计产品的评价，包括面漆和底漆。

2 规范性引用文件

下列文件对于本文件的应用是必不可少的。凡是注日期的引用文件，仅注日期的版本适用于本文件。凡是不注日期的引用文件，其最新版本(包括所有的修改单)适用于本文件。

GB/T 2589　综合能耗计算通则
GB/T 9266　建筑涂料　涂层耐洗刷性的测定
GB/T 9755—2014　合成树脂乳液外墙涂料
GB/T 9756—2009　合成树脂乳液内墙涂料
GB/T 11914　水质　化学需氧量的测定　重铬酸盐法
GB 12348　工业企业厂界环境噪声排放标准
GB/T 13491　涂料产品包装通则
GB/T 16157—1996　固定污染源排气中颗粒物测定与气态污染物采样方法
GB/T 16483　化学品安全技术说明书　内容和项目顺序
GB/T 16716.1　包装与包装废弃物　第1部分:处理和利用通则
GB 17167　用能单位能源计量器具配备和管理通则
GB/T 19001　质量管理体系　要求
GB 18582—2008　室内装饰装修材料　内墙涂料中有害物质限量
GB/T 23331　能源管理体系　要求
GB/T 24001　环境管理体系　要求及使用指南
GB/T 24040　环境管理　生命周期评价　原则与框架
GB/T 24044　环境管理　生命周期评级　要求与指南
GB 24408—2009　建筑用外墙涂料中有害物质限量
GB/T 28001　职业健康安全管理体系　要求
GB/T 30647　涂料中有害元素总含量的测定
GB/T 32161—2015　生态设计产品评价通则
GB/T 32162—2015　生态设计产品标识
GB/T 33761—2017　绿色产品评价通则
AQ/T 9006　企业安全生产标准化基本规范
HJ/T 2537—2014　环境标志产品技术要求　水性涂料

JG/T 481—2015 低挥发性有机化合物(VOC)水性内墙涂覆材料
危险化学品安全管理条例(国务院 2011 年第 591 号令)
国家危险废物名录(环保部 2016 年第 39 号令)
环境信息公开办法(试行)》(环保部 2007 年第 35 号令)

3 术语和定义

GB/T 33761—2017 界定的以及下列术语和定义适用于本文件。

3.1

总挥发性有机化合物 total volatile organic compounds;TVOC

用非极性色谱柱(极性指数小于 10)对采集样品进行分析,保留时间在正己烷和正十六烷之间的挥发性有机化合物总和。

3.2

总挥发性有机化合物释放量 total volatile organic compounds emission level

在规定条件下,试样向空气中释放的挥发性有机化合物总量。

4 要求

4.1 基本要求

4.1.1 宜采用国家鼓励的先进技术工艺,不应使用国家或有关部门发布的淘汰的或禁止的技术、工艺和装备。

4.1.2 不应使用国家、行业明令淘汰或禁止的材料,不应超越范围选用限制使用的材料,生产企业应持续关注国家、行业明令禁用的有害物质。

4.1.3 生产企业的污染物排放应达到国家和地方污染物排放标准的要求,严格执行节能环保相关国家标准并提供污染物排放清单。危险废物的管理应符合国家和地方的法规要求。

4.1.4 生产企业的污染物总量控制应达到国家和地方污染物排放总量控制指标。

4.1.5 待评价产品的企业截止评价日 3 年内无重大安全和环境污染事故。

4.1.6 企业安全生产标准化水平应符合 AQ/T 9006 的要求。

4.1.7 生产企业应按照 GB 17167 配备能源计量器具。

4.1.8 生产企业应按照 GB/T 24001、GB/T 19001 和 GB/T 28001 分别建立并运行环境管理体系、质量管理体系和职业健康安全管理体系;开展能耗、物耗考核并建立考核制度,或按照 GB/T 23331 建立并运行能源管理体系。

4.1.9 企业应按照《国家危险废物名录》和《危险化学品安全管理条例》建立并运行危险化学品安全管理制度。应向使用方提供符合 GB/T 16483 要求的产品安全技术说明书。

4.1.10 鼓励企业按照《环境信息公开办法(试行)》第十九条公开环境信息。

4.1.11 鼓励企业对剩余产品及包装物进行处置或回收。

4.2 评价指标要求

指标体系由一级指标和二级指标组成。一级指标包括资源属性指标、能源属性指标、环境属性指标和产品属性指标。评价指标要求见表 1。

表 1 评价指标要求

一级指标	二级指标	单位	内墙面漆基准值	外墙面漆基准值	底漆基准值	判定依据	所属生命周期阶段
资源属性	原材料使用	—	不得使用烷基酚聚氧乙烯醚、邻苯二甲酸酯类、石棉、乙二醇醚及其酯类等作为原材料			原材料清单及证明材料	原材料获取
	新鲜水消耗量 ≤	t/t	0.25			依据附录 A 的 A.1 计算	产品生产
	原材料消耗量 ≤	t/t	1.015			依据 A.2 计算	产品生产
	水的重复利用率 ≥	%	80			依据 A.3 计算	产品生产
	包装材质	—	符合 GB/T 13491 和 GB/T 16716.1 的要求			符合性证明材料	产品生产
能源属性	产品综合能耗 ≤	kgce/t	10.0			依据 A.4 计算	产品生产
环境属性	产品废水排放量 ≤	t/t	0.2			依据 A.5 计算	产品生产
	产品废水 COD 排放量[a] ≤	mg/L	60 或符合当地污水排放要求			依据 A.6 提供检测报告	产品生产
	废气中颗粒物含量[b] ≤	mg/m^3	20			依据 A.6 提供检测报告	产品生产
	昼间厂界环境噪声 ≤	dB(A)	60			提供 GB 12348 检测报告	产品生产
	夜间厂界环境噪声 ≤	dB(A)	50				
产品属性	产品质量	—	符合国家、行业标准要求			提供证明材料	产品生产
	耐洗刷性[c] ≥	次	2 000	—	—	依据 A.7 提供检测报告	产品生产
	耐人工气候老化性[d]	—	—	600 h 不起泡、不剥落、无裂纹	—	依据 A.8 提供检测报告	产品生产
	透水性 ≤	mL	—	—	0.5	依据 A.9 提供检测报告	产品生产
	总挥发性有机化合物(TVOC)释放量[e] ≤	mg/m^3	1.0	—	1.0	依据 A.10 提供检测报告	产品生产
	挥发性有机化合物(VOC)含量 ≤ 光泽≤10	g/L	30	50	50	依据 A.11 提供检测报告	产品生产
	挥发性有机化合物(VOC)含量 ≤ 光泽>10	g/L	50				
	甲醛释放量[e] ≤	mg/m^3	0.1	—	0.1	依据 A.12 提供检测报告	产品生产
	游离甲醛含量 ≤	mg/kg	20			依据 A.13 提供检测报告	产品生产
	苯、甲苯、乙苯和二甲苯含量总和 ≤	mg/kg	50			依据 A.14 提供检测报告	产品生产

表 1（续）

<table>
<tr><th>一级指标</th><th colspan="2">二级指标</th><th>单位</th><th>内墙面漆
基准值</th><th>外墙面漆
基准值</th><th>底漆
基准值</th><th>判定依据</th><th>所属生命
周期阶段</th></tr>
<tr><td rowspan="8">产品属性</td><td rowspan="2">重金属元素含量[f] ≤</td><td>铅</td><td>mg/kg</td><td colspan="3">10</td><td rowspan="8">依据 A.15 提供检测报告</td><td rowspan="8">产品生产</td></tr>
<tr><td>六价铬</td><td>mg/kg</td><td colspan="3">2.0</td></tr>
<tr><td rowspan="6">可溶性重金属元素含量[f] ≤</td><td>镉</td><td>mg/kg</td><td colspan="3">10</td></tr>
<tr><td>汞</td><td>mg/kg</td><td colspan="3">10</td></tr>
<tr><td>砷</td><td>mg/kg</td><td colspan="3">10</td></tr>
<tr><td>硒</td><td>mg/kg</td><td colspan="3">10</td></tr>
<tr><td>锑</td><td>mg/kg</td><td colspan="3">10</td></tr>
<tr><td>铬</td><td>mg/kg</td><td colspan="3">10</td></tr>
<tr><td colspan="9">[a] 产品废水 COD 排放量的监测位置是企业废水处理设施排放口。
[b] 废气中颗粒物含量的监测位置是企业废气处理设施排放筒。
[c] 耐洗刷性仅测试内墙墙面面漆产品。
[d] 耐人工气候老化性仅测试外墙墙面面漆产品，也可根据有关方商定测试与底漆配套后或与底漆和中涂漆配套后的性能。
[e] 总挥发性有机化合物(TVOC)释放量和甲醛释放量仅测试内墙墙面面漆产品和内墙墙面底漆产品。
[f] 金属元素仅测试实色漆。</td></tr>
</table>

4.3 检验方法和指标计算方法

污染物监测方法、产品检验方法以及各指标的计算方法依据附录 A。

5 产品生命周期评价方法及评价报告编制方法

5.1 评价方法

依据 GB/T 24040、GB/T 24044、GB/T 32161—2015 给出的生命周期评价方法学框架、总体要求及其附录编制水性建筑涂料的生命周期评价报告，参考附录 B。

5.2 评价报告的编制方法

5.2.1 基本信息

报告应提供报告信息、申请者信息、评估对象信息、采用的标准信息、产品种类等基本信息。其中：

——报告信息：包括报告编号、编制人员、审核人员、发布日期等；

——申请者信息：包括公司全称、组织机构代码、地址、联系人、联系方式等；

——评估对象信息：包括产品型号/类型、主要技术参数、制造商及厂址等；

——采用的标准信息：包括标准名称、标准号等；

——产品种类：包括所有规格的原始包装大小、材质、封闭口型以及可重复使用或回收的容器。

5.2.2 符合性评价

报告中应提供对基本要求和评价指标要求的符合性情况，并提供所有评价指标报告期比基期改进情况的说明。其中报告期为当前评价的年份，一般是指产品参与评价年份的上一年；基期为一个对照年份，一般比报告期提前 1 年。

5.2.3 生命周期评价

5.2.3.1 评价对象及工具

报告中应详细描述评估的对象、功能单位和产品主要功能，提供产品的材料构成及主要技术参数表，绘制并说明产品的系统边界，披露所使用的软件工具。

以 kg/m^2 刷涂面积为功能单元来表示。

5.2.3.2 生命周期清单分析

报告中应提供考虑的生命周期阶段，说明每个阶段所考虑的清单因子及收集到的现场数据或背景数据，涉及数据分配的情况应说明分配方法和结果。

5.2.3.3 生命周期影响评价

报告中应提供产品生命周期各阶段的不同影响类型的特征化值，并对不同影响类型在生命周期阶段的分布情况进行比较分析。

5.2.3.4 生态设计改进方案

在分析指标的符合性评价结果以及生命周期评价结果的基础上，提出产品绿色设计改进的具体方案。

5.2.4 评价报告主要结论

应说明该产品对评价指标的符合性结论、生命周期评价结果、提出的改进方案，并根据评价结论初步判断该产品是否为绿色设计产品。

5.2.5 附件

报告中应在附件中提供：

a) 产品原始包装图；

b) 产品生产材料清单；

c) 产品工艺表(产品生产工艺过程等)；

d) 各单元过程的数据收集表；

e) 其他。

6 评价结论

满足以下要求的产品可判定为绿色设计产品：

——满足 4.1 的要求；

——满足 4.2 的要求；

——按照第 5 章提供水性建筑涂料产品生命周期评价报告的。

判定为绿色设计产品可按照 GB/T 32162—2015 的要求粘贴标识，可以各种形式进行相关信息自我声明，声明内容应包括但不限于 4.1 和 4.2 的要求，但需要提供相关的符合有关要求的验证说明材料。

附 录 A
（规范性附录）
检验方法和指标计算方法

A.1 新鲜水消耗量

每生产1 t产品所消耗的新鲜水量，主要包含生产工艺用水和车间清洁用水，不包括原料用水和生活用水。新鲜水指从各种水源取得的水量，各种水源包括取自地表水、地下水、城镇供水工程以及从市场购得的蒸馏水等产品，按式(A.1)计算：

$$V=\frac{m_i}{m_c} \qquad \cdots\cdots(A.1)$$

式中：

V ——每生产1 t产品的新鲜水消耗量，单位为吨每吨(t/t)；

m_i ——在一定计量时间内(1年)产品生产用新鲜水量，单位为吨(t)；

m_c ——在一定计量时间内(1年)产品的总产量，单位为吨(t)。

A.2 原材料消耗量

每生产1 t产品所消耗原材料总用量。原材料总用量是指产品配方中用到的所有原材料(不含水)的总投入量，按式(A.2)计算：

$$L=\frac{m_d}{m_c} \qquad \cdots\cdots(A.2)$$

式中：

L ——每生产1 t产品的原材料消耗量，单位为吨每吨(t/t)；

m_d ——在一定计量时间内(1年)产品所用原材料的总投入量，单位为吨(t)；

m_c ——在一定计量时间内(1年)产品的总产量，单位为吨(t)。

A.3 水的重复利用率

生产过程使用的重复利用水量与总用水量之比，按式(A.3)计算：

$$K=\frac{V_r}{V_r+V_t}\times 100\% \qquad \cdots\cdots(A.3)$$

式中：

K ——水的重复利用率；

V_r ——在一定计量时间内(1年)产品使用的重复利用水的总量，单位为立方米(m^3)；

V_t ——在一定计量时间内(1年)产品使用的新鲜水总量，单位为立方米(m^3)。

A.4 产品综合能耗

按GB/T 2589的规定进行。

A.5 产品废水排放量

每生产 1 t 产品排放的废水量，按式(A.4)计算。

$$V_j = \frac{m_g}{m_c} \qquad \cdots\cdots(A.4)$$

式中：

V_j ——废水排放量，单位为吨每吨(t/t)；

m_g——在一定计量时间内(1 年)产品生产排放的废水量，单位为吨(t)；

m_c——在一定计量时间内(1 年)产品的总产量，单位为吨(t)。

A.6 污染物监测及分析

污染物产生指标是指企业污染物处理设施末端处理之后直接排放的指标，不包含排放到第三方处理单位代为处理的排放指标，所有指标均按采样次数的实测数据进行平均，具体要求见表 A.1。

表 A.1 污染物各项指标的采样及分析方法

污染源类型	监测项目	监测位置	检验方法	采样频次	测试条件
废水	化学需氧量(COD)	企业废水处理设施排放口	GB/T 11914	半月采样 1 次，每次至少采集 3 组样品	正常生产工况
废气	颗粒物	企业废气处理设施排放筒	GB/T 16157—1996		

A.7 耐洗刷性

合成树脂乳液内墙涂料的耐洗刷性按 GB/T 9756—2009 中 5.2 规定进行制板，按 GB/T 9266 的规定进行测试。

A.8 耐人工气候老化性

合成树脂乳液外墙涂料的耐人工气候老化性按 GB/T 9755—2014 的规定进行。

A.9 透水性

按 GB/T 9755—2014 的规定进行。

A.10 总挥发性有机化合物(TVOC)释放量

按 JG/T 481—2015 的规定进行。

A.11 挥发性有机化合物(VOC)含量

按 HJ/T 2537—2014 中 6.1 建筑涂料的规定进行。

A.12 甲醛释放量

按 JG/T 481—2015 的规定进行。

A.13 游离甲醛含量

按 GB 18582—2008 中附录 C 的规定进行。

A.14 苯、甲苯、乙苯和二甲苯含量总和

苯、甲苯、乙苯和二甲苯含量总和按 GB 18582—2008 中附录 A 的规定进行。

A.15 金属元素含量

铅含量按 GB/T 30647 的规定进行。

六价铬含量按 GB 24408—2009 附录 F 的规定进行。

可溶性重金属元素含量按 GB 18582—2008 的规定进行。

附　录　B
（资料性附录）
水性建筑涂料生命周期评价方法

B.1　目的

水性建筑涂料的原料保存、生产、运输、出售到最终废弃处理的过程中对环境造成的影响，通过评价水性建筑涂料全生命周期(life cycle assessment，LCA)的环境影响大小，提出水性建筑涂料绿色设计改进方案，从而大幅提升水性建筑涂料的环境友好性。

B.2　范围

根据评价目的确定评价范围，确保两者相适应。定义生命周期评价范围时，应考虑以下内容并作出清晰描述。

B.2.1　功能单位

功能单位应是明确规定并且可测量的。以千克/平方米(kg/m^2)涂刷面积为功能单位来表示。

如水性建筑内墙面漆作如下规定：1 kg 产品涂刷 5 m^2 的墙面。

B.2.2　系统边界

本附录界定的水性建筑涂料产品生命周期(LCA)系统边界分 3 个阶段：原辅料与能源的开采、生产阶段；涂料产品的生产、销售阶段；涂料废弃阶段。如图 B.1 所示。

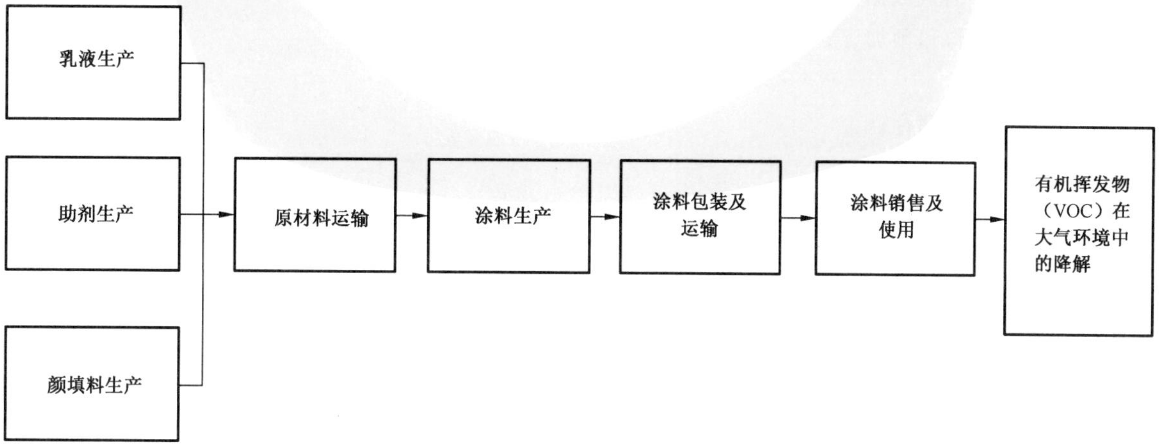

图 B.1　水性建筑涂料产品生命周期(LCA)系统边界图

LCA 评价的覆盖时间应在规定的期限内。数据应反映具有代表性的时期(取最近 3 年内有效值)。如果未能取得 3 年内有效值，应做具体说明。

原材料数据应是在参与产品的生产和使用的地点/地区。

生产过程数据应是在最终产品的生产中所涉及的地点/地区。

B.2.3 数据取舍原则

单元过程数据种类很多，应对数据进行适当的取舍，原则如下：

a) 能源的所有输入均列出；
b) 原料的所有输入均列出；
c) 辅助材料质量小于原料总消耗0.3%的项目输入可忽略；
d) 大气、水体的各种排放均列出；
e) 小于固体废弃物排放总量1%的一般性固体废弃物可忽略；
f) 道路与厂房的基础设施、各工序的设备、厂区内人员及生活设施的消耗和排放，均忽略；
g) 任何有毒有害材料和物质均应包含于清单中，不可忽略。

B.3 生命周期清单分析

B.3.1 总则

应编制水性建筑涂料产品系统边界内的所有材料/能源输入、输出清单，作为产品生命周期评价的依据。如果数据清单有特殊情况、异常点或其他问题，应在报告中进行明确说明。

当数据收集完成后，应对收集的数据进行审定。然后，确定每个单元过程的基本流，并据此计算出单元过程的定量输入和输出。此后，将每个单元过程的输入输出数据除以产品的产量，得到功能单位[即千克/平方米(kg/m^2)涂刷面积)]的资源消耗和环境排放。最后，将产品各单元过程中相同的影响因素的数据求和，以获取该影响因素的总量，为产品级的影响评价提供必要的数据。

B.3.2 数据收集

B.3.2.1 概况

应将以下要素纳入数据清单：

a) 原材料采购和预加工；
b) 生产；
c) 产品分配和储存；
d) 使用阶段；
e) 运输；
f) 寿命终止。

基于LCA的信息中要使用的数据分为两类：现场数据和背景数据。主要数据尽量使用现场数据，如果现场数据收集缺乏，可以选择背景数据。

现场数据是在现场具体操作过程中收集来的。主要包括生产过程的能源与水消耗、产品原材料的使用量、产品主要包装材料的使用量和废弃物产生量等。现场数据还应包括运输数据，即产品原料、主要包装等从制造地点到最终交货点的运输距离。

背景数据应当包括主要原料的生产数据、权威的电力的组合的数据(如火力、水、风力发电等)、不同运输类型造成的环境影响以及产品成分在环境中降解或在本企业污水处理设施内处理过程的排放数据。

B.3.2.2 现场数据采集

应描述代表某一特定设施或设施的活动而直接测量或收集的数据相关采集规程。可直接对过程进行的测量或者通过采访或问卷调查从经营者处获得的测量值为特定过程最具代表性的数据来源。

现场数据的质量要求包括：

a） 代表性：现场数据应按照企业生产单元收集所确定范围内的生产统计数据。
b） 完整性：现场数据应采集完整的生命周期要求数据。
c） 准确性：现场数据中的资源、能源、原材料消耗数据应该来自于生产单元的实际生产统计记录；环境排放数据优先选择相关的环境监测报告，或由排污因子或物料平衡公式计算获得。所有现场数据均应转换为单位产品，即千克/平方米（kg/m^2）涂刷面积为基准计算，且需要详细记录相关的原始数据、数据来源、计算过程等。
d） 一致性：企业现场数据收集时应保持相同的数据来源、统计口径、处理规格等。典型现场数据来源包括：
——水性建筑涂料的原材料采购和预加工；
——水性建筑涂料的原材料由原材料供应商运输至涂料生产商处的运输数据；
——水性建筑涂料生产过程的碳能源和水资源消耗数据；
——水性建筑涂料原材料分配及用量数据；
——水性建筑涂料包装材料数据，包括原材料包装数据；
——水性建筑涂料由生产商处运输至经销商的运输数据；
——水性建筑涂料生产废水经污水处理厂所消耗的数据。

B.3.2.3 背景数据采集

背景数据不是直接测量或计算而得到的数据。所使用数据的来源应有清楚的文件记载并载入产品生命周期评价报告。

背景数据的质量要求包括：
a） 代表性：背景数据应优先选择企业的原材料供应商提供的符合相关 LCA 标准要求的、经第三方独立验证的上游产品 LCA 报告中的数据。若无，应优先选择代表中国国内平均生产水平的公开 LCA 数据，数据的参考年限应优先选择近年数据。在没有符合要求的中国国内数据的情况下，可以选择国外同类技术数据作为背景数据。
b） 完整性：背景数据的系统边界应该从资源开采到这些原辅材料或能源产品出厂为止。
c） 一致性：所有被选择的背景数据应完整覆盖确定的生命周期清单因子，并且应将背景数据转换为一致的物质名录后再进行计算。

B.3.2.4 原材料采购和预加工（从摇篮到大门）

该阶段始于从大自然提取资源，结束于水性建筑涂料产品进入产品生产设施，包括：
a） 开采和提取；
b） 所有材料的预加工，例如使化学组分变成阴离子表面活性剂等；
c） 转换回收的材料；
d） 提取或与加工设施内部或与加工设施之间的运输。

B.3.2.5 生产

该阶段始于水性建筑涂料产品进入生产设施，结束于产品离开生产设施。生产活动包括化学处理、制造、制造过程中半成品的运输、材料组成包装等。

B.3.2.6 产品分配

该阶段将水性建筑涂料产品分配给各地经销商，可沿着供应链将其储存在各点，包括运输车辆的燃料使用等。

B.3.2.7 使用阶段

该阶段始于消费者拥有产品，结束于水性建筑涂料使用过程向环境挥发。包括使用模式、使用期间的资源消耗等。

B.3.2.8 物流

应考虑的运输参数包括运输方式、车辆类型、燃料消耗量、装货速率、回空数量、运输距离、根据负载限制因素(即高密度产品质量和低密度产品体积)的商品运输分配以及燃料用量。

B.3.2.9 寿命终止

该阶段始于消费者使用水性建筑涂料,结束于产品作为固体废弃物处理后进入大自然的生命周期。

B.3.2.10 用电量计算

对于产品系统边界上游或内部消耗的电力,应使用区域供应商现场数据。

B.3.3 数据分配

在进行水性建筑涂料生命周期评价的过程中涉及数据分配问题,特别是水性建筑涂料的生产环节。对于水性建筑涂料生产而言,由于厂家往往同时生产多种类型的产品,一条工艺线上或一个车间里会同时生产多种型号水性建筑涂料。很难就某单个型号的产品生产来收集清单数据,往往会就某个车间、某条工艺线来收集数据,然后再分配到具体的产品上。针对水性建筑涂料生产阶段,因生产的产品主要成分比较一致,因此选取“重量分配”作为分摊的比例,即重量越大的产品,其分摊额度就越大。

B.3.4 生命周期影响评价

B.3.4.1 数据分析

根据表 B.1～表 B.4 对应需要的数据进行填报:

a) 现场数据可通过企业调研、上游厂家提供、采样监测等途径进行收集,所收集的数据要求为企业3年内平均统计数据,并能够反映企业的实际生产水平。
b) 从实际调研过程中无法获得的数据,即背景数据,采用相关数据库进行替代,在这一步骤中所涉及的单元过程包括水性建筑涂料行业相关原材料生产、包装材料、能源消耗以及产品的运输。

表 B.1 原材料成分、用量及运输清单

原材料	含量/%	单次使用消耗量/kg	原材料产地	运输方式	运输距离/km	单位产品运输距离/(km/kg)

表 B.2 生产过程所需清单

能耗种类	单位	车间生产总消耗量	单次使用产品消耗量
电耗	千瓦时(kW·h)		
水	吨(t)		
煤耗	兆焦(MJ)		
蒸汽	立方米(m^3)		

表 B.3 包装过程所需清单

材料	单位产品用量/kg	单次使用产品消耗量/kg
马口铁		
不锈钢		
白铁皮		
聚乙烯(PE)		
聚丙烯(PP)		
其他		

表 B.4 运输过程所需清单

过程	运输方式	运输距离/km	单位产品运距/(km/kg)
从生产地到总经销商			
从总经销商到分经销商			
从生产地到分经销商的总运输距离			

水性建筑涂料成分在环境中降解或在废弃物处理厂处理过程的排放相关的排放因子如表 B.5 所示。

表 B.5 废弃物处理背景数据

项目		

B.3.4.2 清单分析

所收集的数据进行核实后,利用生命周期评估软件进行数据的分析处理,用以建立生命周期评价科学完整的计算程序。目前生命周期评价软件有 GaBi、SimaPro、eBalance 等,企业可根据实际情况选择软件。通过建立各个过程单元模块,输入各过程单元的数据,可得到全部输入与输出物质和排放清单,选择表 B.6 各个清单因子的量(以 kg 为单位),为分类评价做准备。

表 B.6 水性建筑涂料产品生命周期清单因子归类

影响类型	清单因子归类
化石能源消耗	煤、石油、天然气、材料本身的有机碳
气候变化/碳足迹	二氧化碳(CO_2)、甲烷(CH_4)
富营养化	氮氧化物(NO_x)
人体健康危害	烷基酚聚氧乙烯醚、颗粒物

B.4 影响评价

B.4.1 影响类型

影响类型了分为资源能源消耗、生态环境影响和人体健康危害 3 类。水性建筑涂料的影响类型采用化石能源消耗、气候变化、富营养化和人体健康危害 4 个指标。

B.4.2 清单因子归类

根据清单因子的物理化学性质，将对某影响类型有贡献的因子归到一起，见表 B.6。例如，将对气候变化有贡献的二氧化碳、一氧化氮等清单因子归到气候变化影响类型里面。

B.4.3 分类评价

计算出不同影响类型的特征化模型。分类评价的结果采用表 B.7 中的当量物质表示。

表 B.7 水性建筑涂料产品生命周期影响评价

环境类别	单位	指标参数	特征化因子
能源消耗	锑当量/kg	煤	5.69×10^{-8}
		石油	1.42×10^{-4}
		天然气	1.42×10^{-4}
全球变暖	CO_2 当量/kg	CO_2	1
		CH_4	25
富营养化	NO_3^- 当量/kg	NO_3^-	1
人体健康危害	1,4-二氯苯当量/kg	NO_x	1.2
		SO_x	0.096
		颗粒物	0.82

B.4.4 计算方法

影响评价结果计算方法见式(B.1)。

$$EP_i=\sum EP_{ij}=\sum Q_j\times EF_{ij} \qquad \text{(B.1)}$$

式中：

EP_i ——第 i 种影响类型特征化值；

EP_{ij}——第 i 种影响类别中第 j 种清单因子的贡献；

Q_j ——第 j 种清单因子的排放量；

EF_{ij}——第 i 种影响类型中第 j 种清单因子的特征化因子。

ICS 91.120
P 32

团 体 标 准

T/CNCIA 02002—2017

室内墙面及木器重涂服务及验收规程

Specification of acceptance check and painting operation for repainting service of interior house wall and woodware

2017-11-16 发布 2018-01-01 实施

中国涂料工业协会 发布

前　言

本标准按照 GB/T 1.1—2009 给出的规则起草。

本标准由中国涂料工业协会提出并归口。

本标准负责起草单位:中国涂料工业协会、阿克苏诺贝尔太古漆油(上海)有限公司、廊坊立邦涂料有限公司、河北晨阳工贸集团有限公司、嘉宝莉化工集团股份有限公司、德爱威(中国)有限公司。

本标准参加起草单位:富思特新材料科技发展股份有限公司、山东乐化漆业股份有限公司、佛山市顺德区佳涂乐恒融建筑装饰有限公司、广东美涂士建材股份有限公司、美巢集团股份公司、摩马斯特(北京)装饰材料有限公司。

本标准主要起草人:马军、齐祥昭、胡景云、廖汉江、谌渝、孙建辉、胡中源、叶彩平、车海彬、赵雅文、沈孝忠、姚娟、李君荣、刘凤仙、梁海生。

室内墙面及木器重涂服务及验收规程

1 范围

本规程规定了室内墙面及木器重涂服务的术语和定义、要求、基检、家具搬移、遮蔽保护、基层、材料、施工准备、施工、撤除保护、家具归位、验收。

本规程适用于所有的室内墙面及木器重涂服务。

2 规范性引用文件

下列文件对于本文件的应用是必不可少的。凡是注日期的引用文件，仅注日期的版本适用于本文件。凡是不注日期的引用文件，其最新版本(包括所有的修改单)适用于本文件。

GB/T 9756 合成树脂乳液内墙涂料

GB 18582 室内装饰装修材料 内墙涂料中有害物质限量

GB 24410 室内装饰装修材料 水性木器漆中有害物质限量

GB 50210 建筑装饰装修工程质量验收规范

T/CNCIA 02001—2017 绿色设计产品评价技术规范 水性建筑涂料

3 术语和定义

下列术语和定义适用于本文件。

3.1

重涂服务 repainting service

为消费者提供的涂料施工服务，包括墙面涂刷和木制品涂刷。主要是帮助用户翻新旧房及木制品，服务项目包括解决墙面及木制品裂纹、污渍、掉皮、发霉、划痕、失光等问题。

3.2

现场基检 gauging for substrate

基检服务人员上门进行墙面及木制品状况检测、测量墙面及木制品涂刷面积，为客户制定重涂服务方案提供施工依据。

3.3

旧墙面及木制品重涂 repainting of used wall and woodwork

对客户室内原经过装饰处理的墙顶面及木制品重新进行基层处理，并涂刷装饰的工程。

3.4

旧基层 old substrate

所有需要重新装饰的墙顶面及木制品为重涂服务的旧基层。

3.5

基层处理 treatment of substrate

对旧基层进行特定的处理，使之满足涂刷装饰的要求，比如打磨、修补、铲除、封固、防潮等。

3.6

界面剂 modified agent for interface

对砂浆旧基层进行涂刷处理，以期适度封闭基层孔隙、平衡基层性能，增加基层粘结力和强度的化学产品称为界面剂。

3.7

底涂层　priming coat

对处理完毕的旧基层涂刷的以封闭底材为目的的涂层为底涂层。

3.8

面涂层　top coat

在装饰工程中最后涂刷的以装饰、保护为目的的涂层为面涂层。

3.9

现场施工交底　disclosure of application on site

为确保施工方案执行无误，出具施工方案的基检服务人员和现场施工人员在现场确定施工条件、基层情况、处理部位和施工方法等行为。

3.10

家具及设备　furniture and appliances

准备施工的客户室内中的一切不能被沾污的物品。

3.11

零散室内物品　scattered items in room

可以集中收纳的小件物品。

3.12

贵重易碎敏感物品　valuables and fragile items

价值高、容易碰坏和客户不希望别人碰的敏感物品。

3.13

家具搬移　movement of furniture

将家具等室内物品搬至不妨碍施工的位置的工作称为家具搬移，一般为搬离墙面和顶棚，留下施工空间。

3.14

地堆　storage of furniture

被移动的家具被放置在施工现场的中间集中摆放，摆放方正，这个物品堆称为地堆。

3.15

遮蔽保护　protection by overlaid

将客户施工现场中所有非施工部位，如地板、家具等物品，用遮蔽材料保护起来以免施工沾污的工作称为遮蔽保护。

3.16

清洁归位　cleaning and resetting

施工后将施工区域的遮蔽材料撤除并清理干净，家具等物品挪移恢复至施工前状态，将因施工造成的建筑垃圾清洁完毕，使得客户可以恢复正常使用的工作称为清洁归位。

3.17

工地巡检　routing inspection on site

在施工过程中，工地巡检人员到工地检查服务质量、施工质量和工地规范执行情况并给予评价的活动称为工地巡检。

4　要求

4.1　重涂服务应本着对客户影响最小的原则，确保施工过程中和施工后的室内环境的环保性。

4.2　重涂服务的施工部分应遵守建筑装饰施工的各种规范，确保施工质量。

4.3　对所有客户执行统一的“服务标准”：

a）所有重涂服务的客户可以得到基检诊断、遮蔽保护、专业施工、清洁归位的四项服务。

b）在为客户提供基检诊断时，基检师会使用测距仪、测湿仪、空鼓锤、方尺、靠尺等工具进行专业测量和基层检测，提供给客户一份量身定做的施工方案，在方案中会提出合理的墙面处理方式以及满足客户其他需求的全面解决方案，并算出服务预算。

c）在客户接受的前提下，重涂服务商应和客户签订标准封闭合同，合同涉及墙面处理（含家具的搬移保护归位，家居清洁）、墙面漆、木器漆和其他特殊效果施工等内容。客户一旦签订合同，就将享受到中途不再加价的保护，除非以下两种基检师无法预判的情况作为例外，一是被结实面层材料掩盖的由旧式石灰沙土抹灰材料构成的找平层，这种情况需要额外的全部铲除；二是客户自己要求增加的项目。

d）客户一旦签订合同就享受从验收结束之日起一年的保修；服务商应提供及时告知给客户施工进程的服务。

e）所有施工现场执行统一“工地规范”。

1）所施工人员形象规范：应身着重涂服务统一工服、佩戴工卡、着装整洁；在尚未遮蔽保护的地面上应穿着鞋套行走。

2）施工人员行为规范：应礼貌入场、离场；耐心解答客户疑问，如遇超出施工的业务问题应帮助客户与业务人员联系；举止文明、施工现场不能吸烟、不能吃东西，不能接受客户给予的食物和香烟，未经许可不能使用客户家中的卫生间。

3）施工人员执行安全规范：安全用水用电；应使用铝合金标准梯和马凳进行登高施工。不能使用自制木梯登高施工；二层以上开放阳台登高进行顶面处理时应有安全保护措施；打磨时应带防尘口罩、喷涂时应带护目镜等必要的劳保装备。

4）工具设备物料规范：宜使用标配工具，包括专业打磨工具设备、无气喷涂机（如需要喷涂）、电动搅拌器、指定工具、辅料和保护材料；标配工具物料在施工现场应标准摆放，并应设置警示标志以确保现场人员安全和不妨碍施工。

5）重要或者特殊的工地施工前应由出具方案的基检服务人员对施工人员进行现场技术交底。

6）每个工地都会随时接受不少于1次的巡检。巡检内容为该施工阶段的标准（具体见后面每个阶段的理想状态），如有与标准不符，则应现场整改，并被记录在案。

5　基检

5.1　形式

基检师上门服务，给予客户一对一的服务。

5.2　目的

根据客户居室墙面和木器的实际面积和情况，应做出匹配的施工方案，并应给客户提供该方案的报价。

5.3　重点

入户测试实际施工面积和勘察基层情况，并应给出具对应的施工方案。

5.4　步骤

5.4.1　基检师入户后应首先了解客户此次翻新的诉求，并在随后施工方案中给予相应的解决方案。

5.4.2 首先勘察基层情况，宜根据现场条件，选择相应的基层处理方案：

a) 基层基本牢固，有毛细裂缝、或者有些许空鼓、裂缝的情况宜给予相应修补方案；
b) 基层整体不牢固或无法修复的问题时，应采取铲除旧基层，重新做新基层的铲除满批方案；
c) 使用测湿仪测量基层含水率高于10%时，应做相应的防潮处理方案；
d) 应使用测距仪测量实际施工面积。

5.4.3 确定分色方案。

5.4.4 确定涂装方案。

5.4.5 应将上述方案合并为一个全面解决方案，并报出该方案造价，并请客户确认。

6 家具搬移

6.1 形式

施工队入场，提供施工服务。

6.2 目的

应确保施工便利，防止家具污损。

6.3 要求

搬移过程中应确保不损伤家具、地板、电器等室内物品并能恢复原状。

6.3.1 要点

家具搬移的要点如下：

a) 宜将放置在室内的家具、电器等物品集中起来放置，宜尽量缩小体积和占用地面面积，以便留出施工距离和空间；
b) 家具堆放时应杜绝安全隐患，应确保重物在下，轻物在上，堆放稳妥，无滑落风险；宜堆放方正，上端形状在地面投影不应超出底端所占区域；
c) 贵重家具、易碎物品宜由客户自行负责。

6.3.2 主要流程

家具搬移的主要流程如下：

a) 确定搬移明细-应根据施工项目的位置确认需要搬移的家具物件，特别注明不便移动的物品(例如古董家具、红木家具、钢琴、易碎品、卡槽插板衣柜等)；
b) 检查破损-检查家具物品原有的磕碰、破损，检查地板原有的划伤，应与客户确认；
c) 搬移方案-宜根据家具的类型(大小、可移动性)制定搬移顺序、路线(宜向房屋中间搬移)，以方便施工为原则、应避免磕碰；
d) 搬移实施-宜使用特定的搬移工具，按照搬移方案进行，搬移过程轻抬轻放，家具离地挪动。

6.3.3 家具搬移的标准

家具搬移的标准如下：

a) 宜根据家具的大小、长短、高低合理摆放在中间，预留足够施工空间，应注意避让需要有顶部施工的位置，给顶部施工留开距离，或宜先将顶部需要处理的部位提前处理。暖气和空调等压力密封设备应保留原处不能动；

b) 贵重家具、饰品、电器、玻璃器皿宜客户自行移动，如客户提出要求，应先同客户提前澄清如有意外损坏服务方不承担责任，同时应要求客户在施工单上做出说明并签字则可协助客户移动；
c) 家具移动需要重叠时，应首先征求客户的同意，然后小心摆放，在大件家具重叠时应在两层家具中间垫保护材料防止家具表面划伤；
d) 所有家具、电器等物品在移动时应整体离地挪动，如果个别大件物品抬起时，宜使用地垫协助挪动；
e) 在搬移家具前先宜要求客户将内部物品收纳好避免挪动时损坏；
f) 家具挪移过程应要先确认家具结构，对于分层结构的家具，在搬动时应从底层整体挪动；
g) 家具、物品等挪动前应先检查是否完好，如发现问题应提前与客户确认；
h) 抽屉柜门应预先封闭以免搬移时滑落物品。

6.3.4 对特殊家具搬移的建议

对特殊家具搬移的建议如下：
a) 靠墙定制的大型卡槽插板柜因自身结构不稳定，且满遮墙面，可将其与固定柜视为一类家具，不必移动；
b) 搬移大柜应事先清空内部物品，可四角放置保护角垫，抬起一边，将搬移带塞入，两人一起抬起平移挪动，注意地板不要被划伤；
c) 对于窗帘杆，如果膨胀螺丝基础处牢固，可拆下，待施工后装回；
d) 多层家具应分层搬移或推移，家具上的活动附带装置(抽屉或柜门等)应封闭；
e) 平板电视应从卡槽上取下，插口及线路先做好标识，以便恢复原状，对显示屏加强保护并有明显易碎品标识，应放置到安全位置。

7 遮蔽保护

7.1 重点：应先清理后保护，应遵循先下后上，先里后外的原则，使用标准遮蔽保护物料将室内所有的非施工部位用遮蔽保护材料进行包裹隔离，使之不被沾污。

7.2 遮蔽保护材料：
a) 不小于 70 g/m^2 规格的地膜(用于遮蔽地板、家具和进户门正面)；
b) 50 mm 宽透明胶带(用于粘结无残胶洁净要求的基面、地膜和地膜之间搭接处)；
c) 和纸胶带(用于有残胶洁净要求的保护薄膜各部位搭接处)；
d) 易撕胶带(用于粘结有洁净和强度要求的基面和粘结地膜等厚质保护膜)；
e) 2 200 mm 和纸保护膜(用于室内门、窗、大柜和空调柜机的保护)；
f) 1 000 mm 和纸保护膜(用于吊灯和桌椅和进户门背面等物品的保护)；
g) 550 mm 和纸保护膜(用于空调挂机、门窗套的保护)；
h) 300 mm 和纸保护膜(用于踢脚线、开关、吸顶灯、电箱等处的保护)。

7.3 地板遮蔽：
a) 应使用地膜遮蔽地面，使用 300 mm 和纸保护膜连带保护踢脚线并与地膜紧密粘结；
b) 应用易撕胶带固定四周；
c) 中间接缝搭接应不小于 10 cm，搭接处用 50 mm 宽透明胶带粘结牢固密实；
d) 针对需要铲墙的房间，宜建议增加一层防撞击的保护材料层。

7.4 门套、窗套遮蔽：
a) 门、窗遮蔽保护前应先除尘；

b） 进户门应用地面保护膜全幅保护，四周用易撕胶带封边，门把手用易撕胶带封闭保护；

c） 门框、门、窗框、窗扇等位置应单独保护，便于开启；

d） 和纸宜离墙面保持 1 mm 左右距离，避免贴在墙面影响最终效果；

e） 保护应密封、服贴，接缝处粘接牢固。

7.5 家具电器遮蔽：

a） 应自带洁净毛巾或者棉布，对需要遮蔽保护的物品先行除尘；

b） 对于不做基层铲除的工地应使用 2 200 mm 和纸保护膜整体遮蔽保护，接缝处用透明胶带全密封粘结，防止粉尘进入；

c） 对于做基层铲除的工地宜使用地膜做整体遮蔽保护，接缝处用透明胶带全密封粘结，防止粉尘进入和落渣穿刺和砸碰。

d） 宜提醒客户有需要使用的物件事先取出；

e） 整体封闭保护，立式空调不能大幅度移动，防止铜管破损；

f） 入户大门应用地膜类厚质材料遮蔽保护，并在大门外侧张贴施工告知单。

7.6 面板电箱保护：面板和电箱除尘后要使用和纸胶带在其肩部封边，中间用薄膜遮盖，四周和纸封边。应与墙面预留 1 mm 分离缝。

7.7 延伸保护：

a） 对大门外楼道等受到施工波及的公共区域用地膜遮蔽保护出一条通道，用易撕胶带在地面封边；

b） 对卫生间和厨房等非施工区域地面也要做保护，用易撕胶带在地面封边。

7.8 灯具遮蔽：

a） 对于吊灯，宜使用 1 000 mm 和纸保护膜从灯座处粘贴和纸，将和纸保护膜放下展开，将吊灯置于和纸保护膜形成的囊中，用和纸胶带粘贴侧面和底部，收口；

b） 对于吸顶灯，应取下灯罩，然后宜使用 550 mm 和纸保护膜从灯座处黏贴和纸，将和纸保护膜放下展开，将保护膜收紧粘贴收口；

c） 对于射灯和筒灯，宜使用和纸从灯座处粘贴一圈，中间放置保护膜，四周收紧粘贴收口。

7.9 注意事项：

a） 建筑垃圾应及时清理，防止保护材料的破损及破坏地板；

b） 地膜如有破损应及时进行更换；

c） 遮蔽材料宜做到横平竖直，整洁美观；

d） 和地板、地砖的连接处，应用易撕胶带，避免撕除后留有残胶；

e） 灯具的遮蔽及使用应注意安全，避免引起火灾；

f） 遮蔽保护不断电的冰箱时，后面的散热网处应露出散热，以消除安全隐患。

8 基层

8.1 重涂服务中常见的基层种类

重涂服务中常见的基层种类如下：

a） 旧漆膜（整体完好、牢固）；

b） 旧漆膜（局部开裂、起壳）；

c） 旧漆膜（整体粉化）；

d） 旧漆膜（发霉）；

e) 水泥毛坯墙(毛坯房);

f) 旧瓷砖(整体完好、牢固);

g) 旧瓷砖(局部破损、脱落);

h) 旧基层(渗水)等。

8.2 理想基层状况

8.2.1 基层应牢固,无开裂、无掉粉、无空鼓、无起砂、无剥离、无爆点等情况,如有旧漆层也应牢固。基层的强度与基层的种类及本身的质量有关,基层强度过低可能影响涂料的附着性。

检测方法分两步。第一步目测观察是否有空鼓、脱落现象。第二步使用空鼓锤逐一轻轻敲击,可听见与其他部位声音不同的空响,此处应为“空鼓”。

8.2.2 基层该平整,基层不平整可能影响涂料最终的装饰效果。

a) 墙面、顶面应达到普通抹灰平整度,用 1.5 m 的靠尺测量,误差≤4 mm;

b) 阴阳角应方正顺直,用方尺测量,误差≤4 mm。

检测方法:用 1.5 m 靠尺测量。

8.2.3 基层应清洁,无灰尘、无油渍、无烟渍、无霉渍、无盐析、无锈斑等问题。清洁的基层表面可提高涂料的附着力。

检测方法:目测观察。

8.2.4 基层应该干燥,基层含水率应小于 10%。

检测方法:宜使用针式测湿仪测量,两个触点插入基层后,读数小于 10%即可,可以测试窗台下、卫生间背面墙、临外墙体的阴角处及正中处,高度取在 50 cm 以下。

8.2.5 基层应中性,基层 pH≤10。

检测方法:润湿所要检测墙面,将 pH 试纸粘贴在墙面,等待 1 分钟左右,取下试纸和后附颜色对比卡对比,选择最接近的一个颜色,其对应数值即为酸碱度数值。

如果施工室内的旧基层不能达到施工标准,应采用打磨、修补、找平直至铲除旧装饰层重新做装饰基层等方式先行处理旧基层,直至达到 8.2.1～8.2.5 中描述的基层理想状态再进行涂装施工。

9 材料

施工中使用界面剂、防水材料、找平材料、遮蔽材料、施工工具、底漆和面漆产品都应配套,均应有产品名称、执行标准、技术要求、施工标准、使用说明、注意事项和产品合格证。材料中有害物质限量应满足表 1 的要求。

表 1 材料中有害物质限量要求

材料	有害物质限量
内墙涂饰材料	应符合 GB/T 9756 中一等品及以上的要求和 GB 18582 的限量要求
水性木器涂料	应符合 GB 24410 的要求
溶剂型木器涂料	应符合 GB 18581 的要求
内墙腻子和内墙水性涂料	应符合 T/CNCIA 02001—2017 中甲醛释放量的要求

10 施工准备

10.1 施工材料、设备入场后应集中码放于地膜上，周围宜使用黄黑警示胶带在地膜上做方形警示区域，以确保施工现场安全。施工前应与客户共同验货并签字。

10.2 施工材料按种类集中摆放，物料码放应不超过 0.8 m。摆放应横平竖直，保证行走通畅。

10.3 涂料的存放区温度应在 5 ℃～40 ℃。

10.4 需要分色的区域施工前应予以确认。

10.5 需要处理的基层，应按照不同的处理方案确认区域。

10.6 应确定用水用电位置，施工时间，垃圾清运点等。

10.7 应清理搬移家具后的灰尘。

11 施工

11.1 旧基层处理

对旧基层重涂前应先进行如下旧基层处理：

a) 旧漆面牢固，基本符合理想基层状态的，应使用专业打磨工具对墙面进行打磨，去掉浮尘和松动颗粒后完成基层处理。

b) 旧漆层有裂纹、起皮，小磕碰或者小面积空鼓时，应进行裂缝修补、腻子等或铲除松脱处后再使用腻子等产品维修工艺，干透后使用专业打磨机打磨，完成基层处理。

c) 对于无问题的毛坯房应使用腻子或其他已经证明同样适用的材料找平收光，待干透后使用专业打磨机打磨，完成基层处理。

d) 对于空鼓、松脱、粉化、烟油渍的墙面应先铲除问题旧基层，然后对于无问题的基层应找平和批刮处理后待干透，干燥后使用专业打磨机打磨，完成基层处理。

e) 对于渗水基层应由客户负责隔绝渗水源，然后铲除水泡装饰基层材料至水泥砂浆层，涂刷界面剂，干燥后涂刷防水材料处理，防水材料干燥固化后使用腻子或其他已经证明同样适用的材料找平收光，干燥后使用专业打磨机打磨，完成基层处理。

f) 对于有霉渍旧基层，应铲除霉变区域原装饰层，然后使用除霉剂清洗杀菌，干燥后重批使用底层找平材料和面层腻子找平收光处理，干燥后使用专业打磨工具打磨，完成基层处理。

g) 对于需要加强防裂的墙面可以采用挂网的方式做基层抗裂处理。

h) 对于木器旧漆层，充分打磨后应使用水性原子灰或透明腻子处理，水性板材宜封闭底漆处理。

11.2 涂装施工

对于 8.1 中阐述的经过处理后已经达标的基层可进入涂装工序。

涂装工序的要求如下：

a) 内墙对处理好的基层进行涂装，可进行底漆和面漆处理。

b) 涂装时应从一个阴阳角开始到另一个阴阳角截止，连续施工。

c) 对光泽要求较高的或者墙面较大的面漆宜安排两人共同施工，一人涂布，一人收光，连续施工至一个阴阳角处。

d) 对于高处应备好施工工作梯，对 3.5 m 以上施工，应提前准备好登高作业梯。

e) 辊涂时应充分盖底，表面均匀。

f) 喷涂时应控制涂料粘度、喷枪的压力，保持涂层均匀、不露底、不流坠、色泽均匀。

g) 深色颜色涂装视颜色情况可能要 3～5 遍才能盖底。

h） 分色和艺术漆的施工按相应施工工法处理。

i） 水性木器漆涂装，先进行基层处理，然后再涂装底漆和面漆。

12 撤除保护

12.1 要求

应遵循先上后下、先里后外的原则具体实施；不能对新墙和家具磕碰，不能因为撤除过程中的动作过大，而导致对墙面造成二次污染。

12.2 撤除遮蔽保护材料步骤

撤除遮蔽保护材料的步骤如下：

a） 应先拆除顶面一层的遮蔽材料（灯、空调挂机等）；

b） 其次应拆除墙面一层的遮蔽材料（面板、门、窗和家具等）；

c） 最后从应里面至外面拆除地面一层的遮蔽材料。

12.3 整理清洁

整理清洁包括：

a） 拆除时所有的遮蔽材料应尽量把建筑垃圾卷在保护膜里并清理出去；

b） 对于流挂问题导致的漆膜和和纸联结处，宜使用美工刀划开连接处，然后使用工具按住划开处再拉扯；

c） 对因为施工而导致污染的位置应进行及时清理；

d） 将撤除下来的遮蔽材料应放入垃圾袋中，送至指定建筑垃圾清运点。

12.4 剩余材料处理

剩余材料应留给客户便于今后的修补和追色，对于客户明确放弃的剩余工具和化学材料，应带回施工单位集中无害化处理。

13 家具归位

13.1 要求

家具应复位到施工前的位置。

13.2 家具归位注意事项

家具归位注意以下事项：

a） 家具归位前，应注意对家具存放位置的地板进行清洁；

b） 应将撤除保护后的家具，按照原来的位置归位；

c） 家具归位的过程中，应注意保护新施工的墙面；

d） 归位家具与墙面应留有 1 mm～2 mm 的缝隙，以免碰坏漆膜。

13.3 家具归位后提示

家具归位后，应提示客户：

a） 注意对新粉刷墙面的保护；

b） 注意通风，保证室内空气流通；

c) 日常墙面维护的方法和技巧。

14 验收

应针对施工环节中的每个施工项目做验收，每一步骤按标准确认验收结果，并与客户签字确认，应按 GB 50210 中相关标准执行。验收标准见表 2。

表 2 重涂服务施工各环节验收标准表

验收项目		验收标准
进场交底	仪容仪表	自我介绍，出示铭牌，应穿好鞋套，进入施工的现场
	材料验收	根据合同清点材料明细，应确认涂料配色正确并提供质保单。 内墙腻子和内墙水性涂料应符合甲醛释放量(g/m^3)≤0.1 的标准
	材料工具	材料及工具整齐应摆放在合适位置，并做好保护，防止被磕碰、污损
	施工交底	宜交待施工项目、效果、工艺、工期、注意事项等
	提醒	进场前客户应将贵重物品自行妥善保管
遮蔽保护	门及门套	应采用和纸遮蔽保护膜包裹整体遮蔽，如有木器漆重涂，则不必遮蔽
	家具位置	施工人员应对每个房间的家具摆放位置标定，便于施工结束后家具归位
	家具遮蔽	宜将家具集中在房屋中间，整体遮蔽应有效防止粉尘进入
	灯具及开关	吸顶灯应取掉灯罩安全摆放，壁灯用遮蔽保护膜包裹。 开关边缘贴和纸，中间用保护膜隔离
	踢脚线及地板	应采用专用遮蔽材料，有效防止粉尘、腻子碎片进入并损伤地板
底材处理	墙体裂缝	应将裂缝处开 V 型槽，并铲除松动处，起皮剥落严重的漆膜要全部铲除
	缝隙处理	应使用配套材料填补平整，接缝纸带粘贴严密，无鼓泡现象
	阴阳角处理	应使角线顺直圆润
	腻子批刮	批刮腻子时，应保持平整度一致
	腻子打磨	应使用专业打磨工具打磨均匀，平整度达到完工验收标准
涂装施工	底材封闭	根据不同底材相应涂刷底漆，覆盖应完全，没有遗漏
	内墙涂料施工	涂料干燥后，应在白天自然光线下距离施工处 1.5 m 处观察，观察角度为 45°观察光泽一致； 无掉粉、无色差、无流坠、无漏刷、无透底、无返碱、无起皮、无起泡、无空鼓； 分色线应平直； 如基层进行底层腻子找平和面层收光满批处理后，平整度应达到 2 m 靠尺误差 4 mm 以内
涂装施工	木器漆施工	涂料实干后，在自然光线下距离施工处 1.5 m 处观察，应做到无色差、无流坠、无漏刷、无跑油、无缩孔、无透底、无咬底
清洁归位	遮蔽撤除	撤除遮蔽保护的过程中不能二次污染，不能揭掉漆膜
	家具归位	应将撤除遮蔽保护后的家具，按原来的位置归位； 归位家具与墙体留有间隙
	清理现场	地面、家具上不能有施工造成的垃圾的遗留； 非施工部位不能有因施工造成的污损和污物遗留

15 本标准用词说明

15.1 对执行本标准条文时不同严重程度的用词说明如下：

a) 表示很严格，非这样做不可，正面词采用“必须”，反面词采用“严禁”；

b) 表示严格，正常情况下均应这样做，正面词采用“应”，反面词采用“不得”或“不应”；

c) 表示允许稍作选择，有条件时首选这样做，正面词采用“宜”，反面词采用“不宜”；

d) 表示有选择，有条件时可以这样做，正面词采用“可”，反面词采用“不必”。

15.2 条文中指明应按其他有关标准执行时，表述方式为：“应按……执行”或者“应符合……的规定”。

广告明细